大豆玉米

带状复合种植与病虫草害绿色防控

史安静 徐东森 赵 峰 卢俊宇 王玉华 主编

中国农业科学技术出版社

图书在版编目（CIP）数据

大豆玉米带状复合种植与病虫草害绿色防控／史安静等主编．--北京：中国农业科学技术出版社，2022.8
　ISBN 978-7-5116-5818-0

　Ⅰ.①大…　Ⅱ.①史…　Ⅲ.①大豆-栽培技术②玉米-栽培技术③大豆-病虫害防治④玉米-病虫害防治
Ⅳ.①S513②S565.1③S435.651④S435.13

中国版本图书馆 CIP 数据核字（2022）第 119164 号

责任编辑	白姗姗
责任校对	马广洋
责任印制	姜义伟　王思文

出 版 者	中国农业科学技术出版社
	北京市中关村南大街 12 号　　邮编：100081
电　　话	（010）82106638（编辑室）　　（010）82109702（发行部）
	（010）82109709（读者服务部）
网　　址	http://www.castp.cn
经 销 者	各地新华书店
印 刷 者	北京富泰印刷有限责任公司
开　　本	140 mm×203 mm　1/32
印　　张	5.5
字　　数	130 千字
版　　次	2022 年 8 月第 1 版　2022 年 8 月第 1 次印刷
定　　价	39.80 元

前　言

玉米大豆带状复合种植技术是由 2022 年中央一号文件明确提出的，国家重点示范推广的稳粮扩油项目。"大豆玉米带状复合种植技术"是玉米带间套作大豆的种植模式，重点通过扩间增光、缩株保密，充分发挥边行效应和大豆固氮养地作用，这种模式既有利于改善土壤条件，又能提升土壤地力，是实现在同一块土地上大豆玉米和谐共生、一季双收，稳玉米、增大豆、提升地力的种植技术。2022 年，农业农村部将在全国 16 个省份推广大豆玉米复合种植模式 1 500 万亩以上，是大面积推广复合种植技术的第一年。国家还加大种植补贴，对采用新模式的农业经营主体，实施 200 元/亩的补贴标准。应这种形势的需要，为了更快更好地推广该项技术，我们紧急组织人员编写了本书。

本书共分五章，第一章介绍了大豆玉米带状复合种植技术的基本内涵；第二章详细介绍了大豆玉米带状复合种植的关键技术，即选配品种、扩间增光、缩株保密；第三章为大豆玉米带状复合种植过程中各环节的技术细则，包括整地与播种技术、施肥与化学调控技术、机械收获技术等内容；第四章则介绍了从播种、施肥、喷药到收获全流程的机械使用方法及注意事项；第五章则主要介绍了病虫草害绿色防控技术。

由于时间仓促，书中难免有不妥之处，恳请读者批评指正。

编　者

2022 年 5 月

目　录

第一章 基本内涵：大豆玉米带状复合种植技术概述

第一节 大豆玉米带状复合种植技术的基本概念

一、基本概念

大豆玉米带状复合种植技术是在传统间套作的基础上创新发展而来的，采用两行小株距密植玉米带与 2~6 行大豆带间作套种，充分利用边行优势，年际间交替轮作，适应机械化作业，作物间和谐共生的一季双收种植模式。包括大豆玉米带状套作与带状间作两种类型。

1. 大豆玉米带状套作

两作物共生时间少于全生育期的一半，通常先播种玉米，在玉米的抽雄吐丝期播种大豆，玉米收获后大豆有相当长的单作生长时间，能充分利用时间和空间。

2. 大豆玉米带状间作

两作物共生时间大于全生育期的一半，玉米、大豆同时播种、同期收获，大豆中后期受到与之共生的玉米影响，能集约利用空间。

二、与传统大豆玉米间套作模式的区别

1. 田间配置方式不同

根据高位主体、高低协同的田间配置原理，一是带状复合种植采用 2 行玉米：（2~6）行大豆行比配置，年际间实行带间轮作；而传统间套作多采用单行间套作、1 行：2 行或多行：多行的行比配置，作物间无法实现年际间带间轮作。二是带状复合种植的两个作物带间距大、作物带内行距小，降低了高位作物对低位作物的荫蔽影响，有利于增大复合群体总密度；而传统间套作的作物带间距与带内行距相同，高位作物对低位作物的负面影响大，复合群体密度增大难。三是带状复合种植的株距小，两行高位作物玉米带的株距要缩小至保证复合种植玉米的密度与单作相当，以保证与单作玉米产量相当，而大豆要缩小至达到单作种植密度的 70%~100%，多收一季大豆；而传统间套作模式都采用同等大豆行数替换同等玉米行数，株距也与单作株距一样，使得一个作物的密度与单作密度相比成比例降低甚至仅有单作的一半，产量不能达到单作水平，间套作的优势不明显。

2. 机械化程度不同、机具参数不同

大豆玉米带状复合种植通过扩大同一作物带间宽度至播、收机具机身宽度，大大提高了机具作业通过性，使其达到全程机械化，不仅生产效率接近单作，而且降低了间套作复杂程度，有利于标准

化生产。传统间套作受不规范行比影响，生产粗放、效率低，要么因1行：1行（或多行）条件下行距过小或带距过窄无法机收；要么因提高机具作业性能而设计的多行：多行，导致作业单元宽度过大，间套作的边际优势与补偿效应得不到发挥，限制了土地产出功能，土地当量比仅仅只有1.0~1.2（单位面积产出了1~1.2倍面积的粮食，下同），甚至小于1.0。

大豆玉米带状复合种植的作业机具为实现独立收获与协同播种施肥作业，机具参数有特定要求。

一是某一作物收获机的整机宽度要小于共生作物相邻带间距离，以确保收获该作物时顺畅通过。

二是播种机具有2个玉米单体，且单体间距离不变，根据区域生态和生产特点的不同调整玉米株距、大豆行数和株距，尤其是必须满足技术要求的最小行距和最小株距。

三是根据玉米、大豆需肥量的差异和玉米小株距，播种机的玉米肥箱要大、下肥量要多，大豆肥箱要小、下肥量要少。

3. 土地产出目标不同

间套作的最大优势就是提高土地产出率，大豆玉米带状复合种植本着共生作物和谐相处、协同增产的目的，玉米不减产，多收一季大豆。玉米、大豆的各项农事操作协同进行，最大限度减少单一作物的农事操作环节，增加成本少，产生利润多，投入产出比高。该模式不仅利用了豆科与禾本科作物间套作的根瘤固氮培肥地力，还通过优化田间配置，充分发挥玉米的边行优势，降低种间竞争，提升玉米、大豆种间协同功能，使其资源利用率大大提高，系统生产能力显著提高，复合种植系统下单一作物的土地当量比均大于1或接近1，系统土地当量比在1.4以上，甚至大于2；传统间套作偏向当地优势作物生产能力的发挥，另一个作物的功能以培肥地力或填闲为主，生产能力较低，其产量远低于当地单作生产水平，系统的土地当量比仅为1.0~1.2。

第二节　大豆玉米带状复合种植技术的特点

大豆玉米带状复合种植技术具有高产出、机械化、可持续、抗风险四大特点。

一、高产出

大豆玉米带状复合种植通过高秆作物与矮秆作物、C3作物与C4作物、养地作物与耗地作物搭配，复合系统光能利用率达到4.05克/兆焦，带状间作和带状套作系统土地当量比分别达到1.42和2.36；应用该技术后的玉米产量与当地单作产量水平相当，新增带状套作大豆130~150千克/亩*，新增带状间作大豆100~130千克/亩；玉米籽粒品质与单作相当，大豆籽粒的蛋白质和脂肪含量与单作相当，异黄酮等功能性成分提高20%以上；亩增产值400~600元。既增加农民收入，又在不减少粮食产量的前提下增加优质食用大豆供给。

----

* 1亩≈667平方米

二、机械化

通过扩大带间距离至 1.8~2.6 米，缩减农机具结构参数，优化传动机构，调整农机农艺参数，提高了播种收获机具的通过性与作业效率，研制出了适宜带状间作套种的播种机、植保机及收获机，实现了播种、田间管理与收割全程机械化。

三、可持续

该技术根据复合种植系统中玉米、大豆需氮特性，玉米带与大豆带年际间交换轮作，自主研制了专用缓释肥与播种机，优化了施肥方式与施肥量，一次性完成播种与施肥作业，每亩减施纯氮 4 千克以上。根据带状复合种植系统的病虫草发生特点，提出了"一施多治、一具多诱、封定结合"的防控策略，研发了广谱生防菌剂、复配种子包衣剂、单波段 LED 诱虫灯结合性诱剂、可降解多色诱虫板、高效低毒农药及增效剂等综合防控产品，创制了播前封闭除草、苗期茎叶分带定向喷药相结合的化学除草新技术，农药施用量减少 25% 以上。

四、抗风险

大豆玉米带状复合种植将高秆的禾本科与矮秆的豆科组合在一起，其功能互补，可抵御自然风险，特别是在耐旱、耐瘠薄、抗风灾方面有突出效果。相对单作玉米或大豆，带状复合种植后作物根系构型发生重塑，既增强了根系对养分的吸收，又增强植株的耐旱能力；行向与风向一致，宽的大豆带有利于风的流动，玉米倒伏降低；有效弥补了单一玉米或单一大豆种植因其价格波动带来的增产不增收问题。

第二章 田间布局：选配品种、扩间增光、缩株保密

大豆玉米带状复合种植技术目标是保证玉米与单作玉米相比尽量不减产，增收一季大豆，实现玉米大豆双丰收。按照此要求，遵循"高位（玉米）主体，高（玉米）低（大豆）协同"的品种选配原理，明确宜带状复合种植的玉米大豆品种选配。

第一节 选配品种

一、品种选配的原则

1. 大豆品种的选配原则

在带状复合种植系统中，光环境直接影响低位作物大豆器官生长和产量形成。适宜带状复合种植的大豆品种的基本特征是产量高、耐阴抗倒、有限或亚有限结荚型习性。在带状间作系统中，应选择大豆成熟期单株有效荚数不低于该品种单作荚数的50%、单株粒数50粒以上、单株粒重10克以上、株高范围55~100厘米、茎粗范围5.7~7.8毫米、抗倒能力强的中早熟大豆品种。在带状套作

系统中，应选择大豆成熟期单株有效荚数为该品种单作荚数的 70%
以上、单株粒数为 80 粒以上、单株粒重在 15 克以上的中晚熟大豆
品种。

2. 玉米品种的选配原则

生产中推荐的高产玉米品种，通过带状复合种植后有两种表
现，一是产量与其单作种植差异不大，边际优势突出，对带状复合
种植表现为较好的适宜性；二是产量明显下降，与其单作种植相
比，下降幅度达 20% 以上，此类品种不适宜带状复合种植密植栽培
环境。适宜带状复合种植的玉米品种应为紧凑型、半紧凑型品种，
中上部各层叶片与主茎的夹角、株高、穗位高、叶面积指数等指标
的特征值应为：穗上部叶片与主茎的夹角在 21°~23°，棒三叶叶夹
角为 26° 左右，棒三叶以下三叶夹角为 27°~32°；株高 260~280 厘
米、穗位高 95~115 厘米；生育期内最大叶面积指数为 4.6~6.0，
成熟期叶面积指数维持在 2.9~4.7。

二、区域品种推荐

1. 西南带状间套作区

主要包括四川盆地、云南、贵州、广西等玉米大豆产区，气候
类型复杂多样，玉米适种期长，春玉米和夏玉米播种面积各占一半
左右。春玉米可与春大豆带状间作，主要分布在贵州、云南，也可
与夏大豆带状套作，主要分布在四川盆地、广西和云南南部；夏玉
米可与夏大豆带状间作。目前适宜该区域并大面积应用的玉米品种
主要有荣玉 1210、仲玉 3 号、荃玉 9 号、云瑞 47、黔单 988；春大

豆品种有川豆 16、黔豆 7 号、滇豆 7、云黄 13，夏大豆品种有贡选 1 号、贡秋豆 8 号、南豆 12、南豆 25、桂夏 3 号及适宜的地方品种。鲜食玉米鲜食大豆带状复合种植可根据市场需求，鲜食玉米选用荣玉甜 9 号、锦甜 68、荣玉糯 1 号等，鲜食大豆选用川鲜豆 1 号、2 号，辽鲜 1 号，铁丰 29 等。青贮玉米青贮大豆带状复合种植，选择熟期较一致、粮饲兼用的玉米大豆高产品种，玉米品种可选用正红 505、雅玉青贮 8 号、雅玉 04889 等，青贮大豆可选用南豆 25 等。

2. 西北和东北带状间作区

包括甘肃、宁夏、陕西、新疆、内蒙古等玉米大豆产区，该区域无霜期短，以一季春玉米为主，采用春玉米春大豆带状复合种植技术，从用途上主要有粒用、青贮两类。玉米品种可选用金穗 3 号、正德 305、先玉 335、垦玉 6189 等，大豆品种选用中黄 30、吉育 441、东升 7 号、中黄 318（中作 J13122）、中黄 322（中作 J13065）等。

3. 黄淮海带状间作区

包括河北、山东、山西、河南、安徽、江苏等玉米大豆产区，以麦后接茬夏玉米夏大豆带状复合种植为主，从用途上主要有粒用和青贮两类。玉米品种可选农大 372、良玉 DF21、豫单 9953、纪元 128、安农 591 等，大豆品种可选用石豆 936、齐黄 34、中黄 101、郑 1307 等。

大豆玉米带状复合种植中适宜种植的大豆品种详见表 2-1。

表 2-1　大豆玉米带状复合种植适宜大豆品种推荐表

地区	品种	备注	说明
河北	石 936、邯豆 15、邯豆 19、中黄 74、中黄 80、邯豆 13（补）、齐黄 34（补）		各个省后补的品种是根据其他省已筛出的耐阴品种，根据该品种的审定区域而确定的
河南	齐黄 34、圣豆 5 号、邯豆 13、濮豆 820、郑 1307、潍科 23、中黄 301、中黄 39、徐豆 18（补）、徐豆 20（补）、中黄 13（补）		
山东	齐黄 34、圣豆 127、圣豆 5 号、潍豆 9 号、华豆 19、安豆 203、徐豆 18（补）、徐豆 20（补）、中黄 301（补）、郑 1307（补）、邯豆 13（补）、中黄 13（补）、中黄 74（补）		
内蒙古	中黄 30、中黄 318、中黄 322、石豆 936、吉育 441、中吉 602	参考纬度对应的辽宁、吉林和黑龙江的品种	中黄 30、中黄 318、中黄 322、石豆 936 审定区域不包括内蒙古
江苏	徐豆 18、中黄 76、圣豆 5 号、中黄 39、中黄 13、徐豆 20、齐黄 34（补）、中黄 301（补）、郑 1307（补）、潍科 23（补）	北部参考河南的品种	中黄 76、中黄 39 审定区域不包括江苏
安徽	皖豆 39、中黄 76、中黄 13、中黄 39、徐豆 18（补）、徐豆 20（补）、中黄 301（补）、齐黄 34（补）、圣豆 5 号（补）、潍科 23（补）	北部参考河南的品种	中黄 39 审定区域不包括安徽
山西	汾豆 98、铁丰 31、晋豆 19、邯豆 13、中黄 39、中黄 13（补）	北部参考河北的品种，中南部参考山东的品种	铁丰 31 审定区域不包括山西
陕西	中黄 30、延豆 6 号、齐黄 34、中黄 39、中黄 74、中黄 80、邯豆 13（补）、中黄 13（补）	北部参考河北的品种，中部参考河南和山东的品种，南部参考四川的品种	
甘肃	陇黄 3 号、中黄 30、中黄 318、中黄 322	南部参考河南的品种，中部可用参考山东的品种，北部可参考河北的品种	中黄 322 审定区域不包括甘肃

（续表）

地区	品种	备注	说明
宁夏	中黄 30、中黄 318、中黄 322、宁豆 6 号、宁豆 7 号	南部参考山东的品种，北部可参考河北的品种	中黄 322 审定区域不包括宁夏
四川	贡选 1 号、贡秋豆 8 号、南豆 12、南夏豆 25、南夏豆 38、贡秋豆 5 号、桂夏 3 号		桂夏 3 号审定区域不包括四川
重庆	贡选 1 号、贡秋豆 8 号、南豆 12、南夏豆 25、桂夏 3 号		桂夏 3 号审定区域不包括重庆
广西	桂夏 3 号、桂夏 7 号、桂夏 10 号		
湖南	春播：中豆 52、湘春 2704、湘春 2701、湘春 24 号、中黄 39 夏播：贡选 1 号、贡秋豆 8 号、南豆 12、南夏豆 25、桂夏 3 号、桂夏 7 号、南农 99-6		这些品种的审定区域都不包括湖南
贵州	春播：黔豆 7 号、黔豆 10 号、黔豆 12 号、齐黄 34、滇豆 7 号 夏播：桂夏 3 号		齐黄 34 和滇豆 7 号审定区域不包括贵州 桂夏 3 号审定区域不包括贵州
云南	春播：滇豆 7 号、云黄 13、黔豆 7 号 夏播：桂夏 3 号		桂夏 3 号审定区域不包括云南

第二节　扩间增光

大豆玉米带状复合种植是由 2~4 行玉米带和 2~6 行大豆带相间复合种植而成。

一、生产单元的组成

一个玉米带、一个大豆带构成一个带状复合种植体，为一个生产单元，全田由多个这样的生产单元组成，单元宽度是玉米带宽、大豆带宽和两个间距之和。一个生产单元包含行数、行距、带宽、间距、株距等田间配置及其参数，是大豆玉米带状复合种植实现双高产、机械化和可持续三大目标的核心所在。

1. 行数

行数可用行比来表示，即玉米大豆行数的实际数相比，如2行玉米3行大豆带状复合种植，其行比为2：3。

2. 行距

行距就是同一作物带内行与行之间的距离。

3. 带宽

带宽指的是玉米带或者大豆带两边行相距的宽度，带宽等于带内行距乘以（行数-1）。

4. 带间距

带间距是相邻带边行之间的距离，包括玉米带与大豆带间距（相邻玉米带与大豆带之间距离）、玉米带之间距离（相邻玉米带边行之间的距离）和大豆带之间距离（相邻大豆带边行之间的距离）3种。

二、行比推荐

1. 行比的作用

行比和行距配合，决定着两个作物各自的带宽，关系着玉米大豆的和谐生长、产量高低和品质好坏。两个作物的行数要根据高位作物的边际效应和低位作物的受光状况来确定。

2. 行比的选择

高位作物玉米表现为边际优势，仅从作物边际优势看，玉米带种2行最佳，行行具有边际优势，综合考虑农机配套、播种出苗、玉米大豆单产等因素，2~4行玉米在实践中都可行。大豆为低位作物，受高位作物荫蔽，受光条件好坏决定了大豆产量高低，为了减小玉米对大豆的荫蔽影响，一是适度增加大豆行数，行数范围为2~6行，根据各生态区气候条件、带状复合种植类型、机具大小选择大豆适宜行数；二是缩小玉米带行距，高秆作物玉米行距40~60厘米的产量差异不显著，为减少对大豆遮阴，选择下限，以40厘米为宜，矮秆作物大豆适度小于单作行距，一般为20~40厘米。

3. 带间距的选择

玉米带与大豆带间距大小影响两个作物枝叶根系相互交叉状况，决定着两个作物对光、肥、水竞争的激烈程度。距离过大减少作物的种植行数，浪费土地，大豆对玉米地下根系养分吸收的补偿效应不能实现；距离过小则加剧作物间地上部竞争矛盾，低位作物大豆光照条件差，严重影响大豆的生长发育和产量，也不利于机具作业和农事操作。研究表明，玉米带与大豆带间距以60~70厘米为佳，既有利于大豆生长，又利于机械作业，一般不因其他因素而变化。生产中，一般容易造成间距过小，不会过大。大豆带之间距离大小决定着玉米对大豆带边行的荫蔽影响和玉米播收机具通过性。2行玉米时，大豆带之间距离以1.6米为宜，一般不受环境和品种等的影响而变化。玉米带之间距离是协调玉米大豆关系，适应气候环境和品种特性，保证玉米大豆协调双高产的有效办法，是可变因素，根据大豆的行数，其变幅在 1.6~2.9 米，如光照条件好，玉米品种株型紧凑，大豆品种耐阴性强，收割机宽度在 1.5 米左右，玉米带之间距离可适度缩小至 1.6 米；相反，玉米带之间距离可适度扩大，收割机宽度在 2.4 米左右，玉米带之间距离可扩至 2.6 米。

4. 各区域适宜行间距的确定

在 2.0~3.0 米生产单元里按玉米：大豆为 2：（2~6）行比配置，玉米保持 2 行，行行具有边际优势，确保玉米产量；扩间距是本技术的核心之一，各生态区玉米和大豆间距都应扩至 60~70 厘米，可协调地上地下竞争与互补关系；高位作物玉米的行距均保持在 40 厘米为宜，大于 40 厘米则密度减小且对大豆生长不利；大豆的行距以 20~40 厘米为宜。

各生态区、不同模式类型在选择适宜的田间配置参数时可根据玉米 2~4 行、大豆 2~6 行对玉米株行距和大豆株行距进行调整。

（1）西南和西北地区。以春玉米夏大豆带状套作为主的西南地区和光热条件较好的西北春玉米春大豆带状间作区，玉米带之间距离缩至 1.8~2.0 米，此距离内种 3~4 行大豆。

（2）黄淮海地区。黄淮海夏玉米夏大豆带状间作区适宜玉米带之间距离可扩至 2.0~2.6 米，此距离内种 4~6 行大豆；青贮玉米大豆带状复合种植在适宜的玉米带间距下可适当缩小，而鲜食可适当扩大。

第三节　缩株保密

提高种植密度，保证与当地单作相当是带状复合种植增产的又一中心环节。

一、确定密度的原则

确定密度的原则是高位主体、高低协同，高位作物玉米的密度与当地单作相当，低位作物大豆密度根据两作物共生期长短不同，保持单作的70%~100%。带状套作共生期短，大豆的密度可保持与当地单作相当，共生期超过2个月，大豆密度适度降至单作大豆的80%左右；带状间作共生期长，大豆如为2行或3行，密度可进一步缩至当地单作的70%，4~6行大豆的密度应为单作的85%左右。同时，玉米大豆带状复合种植两作物各自适宜密度也受到气候条件、土壤肥力水平、播种时间、品种特性等因素的影响，光照条件好、玉米株型紧凑、大豆分枝少、肥力条件好，玉米大豆的密度可适当增加，相反，需适当降低密度。

二、小株距密植

小株距密植确保带状复合种植玉米与单作密度相当，适度缩小株距确保大豆全田密度达到当地单作密度的70%~100%。以2行玉米为例。

1. 西南地区穴距

西南地区，玉米穴距10~14厘米（单粒）或20~28厘米（双粒），播种密度4 500粒/亩以上；大豆株穴距7~10厘米（单粒）或14~20厘米（双粒），播种密度9 500粒/亩以上。

2. 黄淮海穴距

黄淮海玉米穴距8~11厘米（单粒）或16~22厘米（双粒），

播种密度 5 000 粒/亩以上；大豆穴距 7~10 厘米（单粒）或 14~20 厘米（双粒），播种密度 12 000 粒/亩以上。

3. 西北穴距

西北玉米、大豆单粒或双粒穴播，玉米穴距 8~11 厘米（单粒）或 16~22 厘米（双粒），播种密度 5 500 粒/亩以上；大豆穴距 7~9 厘米（单粒）或 14~18 厘米（双粒），密度 13 000 粒/亩以上。

【议一议】

1. 大豆玉米带状复合种植技术对大豆玉米品种选配原则是什么？

2. 各区域大豆玉米行间距如何确定？

3. 各区域大豆玉米适宜的株距是多少？

第三章 精细管理：加强肥水管理、化控降高抗倒

大豆玉米带状复合种植技术集成了品种搭配、扩行缩株、营养调控、减量施肥、绿色防控、封闭除草、机播机收等单项技术，形成了一套完整的复合种植技术体系，它集高效轮作、绿色增收、提质增效三位一体，实现"玉米不减产，多收一季豆"的目标，从而为促进农业可持续发展提供新途径。

第一节 精细整地

一、带状套作

（一）玉米带

西南春玉米、夏大豆带状套作区，旱地周年主要作物为玉米、小麦（油菜、马铃薯）、大豆。小麦（油菜、马铃薯）播种季常遇冬季干旱，为保证出苗多采用抢墒免耕播种，夏播大豆为保墒也常采取免耕直播。因此玉米季需深耕细整，翌年玉米带轮作大豆带，实现两年全田深翻1次。小麦、马铃薯、蚕豆等冬季作物带状套种

玉米，冬季作物播种后可对未种植的预留空行或冬季休闲地进行深耕晒土，疏松土壤，翌年玉米播种前，结合施基肥，旋耕碎土平整。若预留行种植其他作物，收获后，及时清理，深翻晒土，播前旋耕碎土。深耕的主要工具为铧犁，有时也用圆盘犁，深耕深度一般为 20~25 厘米。旋耕机旋耕深度为 10~12 厘米，是翻耕的补充作业，主要作用是碎土、平整。无套作前作的地块可以不受机型大小限制，若与小麦、蚕豆等冬季作物套作，需选择工作幅宽为 1.2~1.5 米的机型。

（二）大豆带

带状套作大豆一般在 6 月上中旬播种，夏季抢时，通常采用抢墒板茬（或灭茬）免耕播种。灭茬是指除去收割后遗留在地里的作物根茬杂草等。前茬为小麦，且留茬高度超过 15 厘米，在大豆播种前，利用条带灭茬机灭茬，受播幅影响，需选择工作幅宽为 1.2~1.5 米的机型。前茬为马铃薯等蔬菜作物，只需将秸秆、杂草等清除，无须进行动土作业。

二、带状间作

（一）深松耕

深松耕是指用深松铲或凿形犁等松土农具疏松土壤而不翻转土层的一种深耕方法，通常深度可达 20 厘米以上。适于经长期耕翻后形成犁底层、耕层有黏土硬盘或白浆层或土层厚而耕层薄不宜深翻的土地。

1. 主要作用

（1）打破犁底层、白浆层或黏土硬盘，加深耕层、熟化底土，利于作物根系深扎。

（2）不翻土层，后茬作物能充分利用原耕层的养分，保持微生物区系，减轻对下层嫌气性微生物的抑制。

（3）蓄雨贮墒，减少地面径流。

（4）保留残茬，减轻风蚀、水蚀。

2. 深松耕方法

（1）全面深松耕，一般采用"V"形深松铲，优势在于作业后地表无沟，表层破坏不大，但对犁底层破碎效果较弱，消耗动力较大。

（2）间隔深松耕，耕松一部分耕层，另一部分保持原有状态，一般采用凿式深松铲，其深松部分通气良好、接纳雨水；未松的部分紧实能提墒，利于根系生长和增强作物抗逆性。

（二）麦茬免耕

针对西南油（麦）后和黄淮海麦后玉米大豆带状间作，前作收获后应及时抢墒播种玉米、大豆。为创造良好的土壤耕层、保墒护苗、节约农时，多采用麦（油）茬免耕直播方式。

若小麦收获机无秸秆粉碎、均匀还田的功能或功能不完善，小麦收后达不到播种要求，需要进行一系列整理工作，保证播种质量和玉米大豆的正常出苗。整理分为以下 3 种情况。

（1）前作秸秆量大，全田覆盖达 3 厘米以上，留茬高度超过 15 厘米，秸秆长度超过 10 厘米，先用打捆机将秸秆打捆移出，再用灭茬机进行灭茬。

（2）秸秆还田量不大，留茬高度超过 15 厘米，秸秆呈不均匀分布，需用灭茬机进行灭茬。

（3）留茬高度低于 15 厘米，秸秆分布不均匀，需用机械或人工将秸秆抛撒均匀即可。整理后的标准为秸秆粉碎长度在 10 厘米以下，分布均匀。

生产中常常因为收获小麦时对土壤墒情掌握不当造成土壤板结，影响播种质量和玉米、大豆的生长。因此，收获前茬小麦时田间持水量应低于 75%，小麦联合收割机的碾压对玉米、大豆播种无显著不良影响。但田间持水量在 80% 以上时，轮轧带表层土壤坚硬板结，将严重影响玉米、大豆出苗。

【议一议】

1. 带状套作田如何整地？

2. 带状间作田如何整地？

第二节　适时播种

一、确定播种日期

（一）确定原则

1. 茬口衔接

针对西南、黄淮海多熟制地区，播种时间既要考虑玉米、大豆

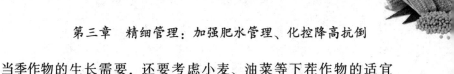

当季作物的生长需要，还要考虑小麦、油菜等下茬作物的适宜播期，做到茬口顺利衔接和周年高产。

2. 以调避旱

针对西南夏大豆易出现季节性干旱，为使大豆播种出苗期有效避开持续夏旱影响，在有效弹性播期内适当延迟播期，并通过增密措施确保高产。

3. 迟播增温

在西北、东北等一熟制地区，带状间作玉米、大豆不覆膜时，需要在有效播期范围内根据土壤温度上升情况适当延迟播期，以确保玉米、大豆出苗后不受冻害。

4. 以豆定播

针对西北、东北等低温地区，播种期需视土壤温度而定，通常5~10厘米表层土壤温度稳定在10℃以上、气温稳定在12℃以上是玉米播种的适宜时期，而大豆发芽的适宜表土温度为12~14℃，稍高于玉米。因此，西北、东北带状间作模式的播期确定应参照当地大豆最适播种时间。

5. 适墒播种

在土壤温度满足的前提下，还应根据土壤墒情适时播种。玉米、大豆播种时的适宜土壤湿度应达到田间持水量的60%~70%，即手握耕层土壤可成团，自然落地即松散。

土壤湿度过高与过低均不利于出苗，黄淮海地区要在小麦收获后及时抢墒播种；如果土壤湿度较低，则需造墒播种，如西北、东北可提前浇灌，再等墒播种。

此外，大豆播种后遭遇大雨后极易导致土壤板结，子叶顶土困难，西南、黄淮海夏大豆地区应在有效播期内根据当地气象预报适时播种，避开大雨危害。

（二）各生态区域的适宜播期

1. 西南地区

大豆玉米带状套作区域，玉米在当地适宜播期的基础上结合覆膜技术适时早播，争取早收，以缩短玉米、大豆共生时间，减轻对大豆的荫蔽影响，最适播种时间为 3 月下旬至 4 月上旬；大豆以播种出苗避开夏旱为宜，可适时晚播，最适播种期为 6 月上中旬。大豆玉米带状间作区域，则根据当地春播和夏播的常年播种时间来确定，春播时玉米在 4 月上中旬播种、大豆同时播或稍晚，夏播时玉米在 5 月下旬至 6 月上旬播种、大豆同时播或稍晚。

2. 西北和东北地区

根据大豆播期来确定大豆玉米带状间作的适宜播期，在 5 厘米地温稳定在 10~12℃（东北地区为 7~8℃）时开始播种，播期范围为 4 月下旬至 5 月上旬。大豆早熟品种可稍晚播，晚熟品种宜早播；土壤墒情好可晚播，墒情差应抢墒播种。

3. 黄淮海地区

在小麦收获后及时抢墒或造墒播种，有滴灌或喷灌的地方可适时早播，以提高夏大豆脂肪含量和产量。黄淮海地区的适宜播期在 6 月中下旬。

二、种子处理

生产中玉米种子都已包衣，但大豆种子多数未包衣，播前应对种子进行拌种或包衣处理。

1. 种衣剂拌种

选择大豆专用种衣剂，如 6.25% 咯菌腈·精甲霜灵悬浮种衣剂（精歌），或 20.5% 多菌灵·福美双·甲维盐悬浮种衣剂，或 11% 苯醚·精甲·吡唑等。根据药剂使用说明确定使用量，药剂不宜加水稀释，使用拌种机或人工方式进行拌种。种衣剂拌种时也可根据当地微肥缺失情况，协同微肥拌种，每千克大豆种子用硫酸锌 4~6 克、硼砂 2~3 克、硫酸锰 4~8 克，加少许水（硫酸锰可用温水溶解）将其溶解，用喷雾器将溶液喷洒在种子上，边喷边搅拌，拌好后将种子置于阴凉干燥处，晾干后播种。

2. 根瘤菌接种

液体菌剂可以直接拌种，每千克种子一般加入菌剂量为 5 毫升左右；粉状菌剂根据使用说明需加水调成糊状，用水量不宜过大，应在阴凉地方拌种，避免阳光直射杀死根瘤菌。

拌好的种子应放在阴凉处晾干，待种子表皮晾干后方可播种，拌好的种子放置时间不要超过 24 小时。

用根瘤菌拌种后，不可再拌杀菌剂和杀虫剂。

【议一议】

1. 确定播期的原则是什么?

2. 各生态区域的适宜播期是什么时间?

3. 播前如何进行种子处理?

第三节 科学施肥

大豆玉米带状复合种植系统的肥料施用必须坚持"减量、协同、高效、环保"的总方针。减量体现在减少氮肥用量,保证磷、钾肥用量,减少大豆用氮量,保证玉米用氮量;协同则要求肥料施用过程中将玉米、大豆统筹考虑,相对单作不单独增加施肥作业环节和工作量,实现一体化施肥;高效与环保要求肥料产品及施肥工具必须确保高效利用,降低氮、磷损失。因此,根据大豆玉米带状复合种植的作物需肥特点及共生特性,施肥时遵守"一施两用、前施后用、生(物肥)化(肥)结合"的原则。

一施两用:在满足主要作物玉米需肥时兼顾大豆氮、磷、钾需要,实现一次施肥,玉米、大豆共同享用。

前施后用:为减少施肥次数,尽量选用缓释肥或控释肥,实现底(种)追合一,前施后用。

生(物肥)化(肥)结合:大豆玉米带状复合种植的优势之

一就是利用根瘤菌固氮。大豆结瘤过程中需要一定数量的"起爆氮"，但土壤氮素过高又会抑制结瘤。因此，施肥时既要根据玉米需氮量施足化肥，又要根据当地土壤根瘤菌存活情况对大豆进行根瘤菌接种，或施用生物（菌）肥，以增强大豆的结瘤固氮能力。

一、施肥量

为充分发挥大豆的固氮能力，提高作物的肥料利用率，大豆玉米带状复合种植亩施氮量比单作玉米、单作大豆的总施氮量可降低4千克，须保证玉米单株施氮量与单作相同。

大豆玉米带状间作区的玉米选用高氮缓控释肥，每亩施用 $50 \sim 65$ 千克（折合纯氮 $14 \sim 18$ 千克/亩，如 $N-P_2O_5-K_2O = 28-8-6$），大豆选用低氮缓控释肥，每亩施用 $15 \sim 20$ 千克（折合纯氮 $2.0 \sim 3.0$ 千克/亩，如 $N-P_2O_5-K_2O = 14-15-14$）。

大豆玉米带状套作区播种玉米时，每亩施 $20 \sim 25$ 千克玉米专用复合肥（$N-P_2O_5-K_2O = 28-8-6$）；玉米大喇叭口期结合机播大豆，距离玉米行距 $20 \sim 25$ 厘米处，每亩追施复合肥 $40 \sim 50$ 千克（折合纯氮 $6 \sim 7$ 千克/亩，如 $N-P_2O_5-K_2O = 14-15-14$），实现玉米大豆肥料共用。

二、施肥方法

带状复合种植下的玉米、大豆氮磷钾施肥需统筹考虑，不按传统单作施肥习惯，且需结合播种施肥机一次性完成播种施肥作业，根据各生态区气候土壤与生产特性差异，可采用以下几种施肥方式。

1. 黄淮海、西北及西南大豆玉米带状间作区

可采用一次性施肥方式。在播种时以种肥形式全部施入，肥料以玉米、大豆专用缓释肥或复合肥为主，玉米专用复合肥或控释肥（如 $N-P_2O_5-K_2O = 28-8-6$），每亩 50~70 千克；大豆专用复合肥（如 $N-P_2O_5-K_2O = 14-15-14$），每亩 15~20 千克。利用 2BYSF-5（6）型玉米大豆间作播种施肥机一次性完成播种施肥作业，玉米施肥器位于玉米带两侧 15~20 厘米开沟、大豆施肥器则在大豆带内行间开沟。

2. 西南、西北带状间作区

可根据当地整地习惯选择施肥方式。

一是底肥+种肥，适合需要整地的春玉米间春大豆模式，底肥采用全田撒施低氮复合肥（如 $N-P_2O_5-K_2O = 14-15-14$），用氮量以大豆需氮量为上限（每亩不超过 4 千克纯氮）；播种时，利用施肥播种机对玉米添加种肥，玉米种肥以缓释肥为主，施肥量参照当地单作玉米单株用肥量，大豆不添加种肥。

另一种是种肥+追肥，适合不整地的夏玉米带状间作夏大豆，播种时，利用玉米大豆带状间作施肥播种机分别施肥，大豆施用低氮量复合肥，玉米按当地单作玉米总需氮量的一半（每亩 6~9 千克纯氮）施加玉米专用复合肥；待玉米大喇叭口期时，追施尿素或玉米专用复合肥（每亩 6~9 千克纯氮）。计算方法：亩用肥量（千克）= 每亩施纯氮量×100/复合肥含氮百分率；每个播种单体 10 米下肥量 = ［亩用肥量×10 米×平均行距（厘米）/100（换算成

米）]/亩；按每亩种肥 12 千克纯氮计，每增加（减少）1 千克纯氮，每 10 米下肥量增加（减少）75 克。

3. 西南大豆玉米带状套作区

采用种肥与追肥两段式施肥方式。

即玉米播种时每亩施 25 千克玉米专用复合肥（$N-P_2O_5-K_2O=28-8-6$），利用玉米播种施肥机同步完成施肥播种作业；玉米大喇叭口期将玉米追肥和大豆底肥结合施用，每亩施纯氮 7~9 千克、五氧化二磷 3~5 千克、氯化钾 3~5 千克，肥料选用氮磷钾含量与此配比相当的颗粒复合肥，如 $N-P_2O_5-K_2O=14-15-14$，每亩施用 45 千克，在玉米带外侧 15~25 厘米处开沟施入，或利用 2BYSF-3 型大豆施肥播种机同步完成施肥播种作业。

4. 西北、东北等大豆玉米带状间作区

此地区能施加缓释肥，采用底肥、种肥与追肥三段式施肥方式。

底肥以低氮量复合肥与有机肥结合，每亩纯氮不超过 4 千克，磷钾肥用量可根据当地单作玉米、大豆施用量确定，可采用带状复合种植专用底肥（$N-P_2O_5-K_2O=14-15-14$），每亩撒施 25 千克（折合纯氮 3.5 千克/亩）；有机肥可利用当地较多的牲畜粪尿，每亩 300~400 千克，结合整地深翻土中，有条件的地方可添加生物有机肥，每亩 25~50 千克。

种肥仅针对玉米施用，每亩施氮量 10~14 千克，选用带状间作玉米专用种肥（$N-P_2O_5-K_2O=28-8-6$），每亩 40~50 千克，利用玉米大豆带状间作施肥播种机同步完成播种施肥作业。

追肥，通常在基肥与种肥不足时施用，可在玉米大喇叭口期对长势较弱的地块利用简易式追肥器在玉米两侧（15~25厘米）追施尿素10~15千克（具体用氮量可根据总需氮量和已施氮量计算），切忌在灌溉地区将肥料混入灌溉水中对田块进行漫灌，这会使大豆因吸入大量氮肥而疯长，花荚大量脱落，植株严重倒伏，产量严重下降。

【想一想】

1. 大豆玉米带状复合种植施肥时遵守的原则是什么？

2. 各区域施肥量如何确定？

3. 各区域分别采用哪种施肥方式？

第四节 补施微肥

大豆玉米带状复合种植需要在科学施用大元素化肥的同时，还要注意适当补充微量元素肥料。

一、玉米、大豆微量元素缺素症状

锌、硼、锰、铁4种元素是玉米、大豆共同必需的微量元素，对作物的光合作用、器官建成具有重要的作用，土壤中含量不足时极易造成玉米、大豆生长发育不良，减产减收。

（一）锌素缺失

玉米缺锌症俗名"花叶条纹病""花白苗"，其主要特征是在玉米 3~5 叶期，白色幼苗开始显现，伴生的幼叶呈淡黄色至白色，特别是叶基部 2/3 处更为明显；拔节后，病叶中脉两侧出现黄色条斑，严重时呈宽而白化的斑块，叶肉消失，呈半透明，状如白绸，以后患部出现紫红色，并渐渐成紫红色斑块。病叶遇风容易撕裂，病株节间缩短，矮化，抽雄、吐丝延迟，有的不能吐丝，或能吐丝抽穗，但果穗发育不良，形成"稀癞子"玉米棒。

大豆缺锌，幼叶逐渐发生褪绿病。褪绿病开始发生在叶脉间，逐步蔓延到整个叶片并失绿。表现为叶片局部失绿或皱缩，并伴有不规则状的棕色或褐色的斑点，叶片小、植株瘦长，花期延后，严重缺锌植株下部叶淡绿或黄化，黄叶与缺氮叶相似，中部绿叶上着生黄斑，症状从下向上发展，花荚脱落多，空秕粒增多，晚熟。

（二）硼素缺失

玉米苗期缺硼时，叶片展开困难，叶片组织受到破坏，首先在叶脉上出现形状不规则的白色斑点，进而在叶脉之间出现白色条纹，根变粗、变脆，茎秆节间不伸长，植株矮小。开花期缺硼，雄穗不易抽出，吐丝困难，致使授粉受精不良，容易形成空秆，影响果穗正常结实。

大豆缺硼时，4 片复叶后开始发病，花期进入盛发期时，新叶失绿或变为淡绿色，叶肉出现浓淡相间斑块，上位叶较下位叶色淡，或叶小浓绿、变厚、变脆。缺硼严重时，节间缩短，植株矮化，形成簇叶，顶芽停止生长并且下卷，顶部新叶皱缩或扭曲畸形，上下反张，个别叶呈筒状；主根短，尖端死亡，侧根多而短，根颈部膨大，根瘤小而少，根瘤发育不良；花荚发育受阻，蕾期停滞，花芽变白或呈淡褐色，或分生组织坏死不能开花，开花后脱落多，荚少，畸形，迟熟。

（三）锰素缺失

玉米植株缺锰时，上部幼嫩叶片的叶脉间组织逐渐变黄，但叶脉及其附近部分的叶肉组织仍然保持绿色，所以整个叶片形成黄、绿相间的条纹，并且叶片弯曲、下垂。缺锰严重时，叶片上会出现白色条纹，其中央部分变成棕色，以后逐渐枯死。

大豆缺锰症状表现为叶片失绿。早期缺锰，叶片的主脉和侧脉附近区域变成暗绿色，叶脉间为浅绿色的失绿叶斑，幼叶失绿变黄，但叶脉和叶脉附近保持为绿色，脉纹较清晰；随着缺锰症状的加重，叶脉间浅绿色的失绿区逐渐扩大。严重缺锰时，脉间失绿区变为灰绿色或灰白色，叶片薄，叶片皱褶，卷曲或凋萎。

（四）铁素缺失

玉米植株缺铁时，首先是上部幼嫩叶片失绿、黄化，其次是中下部叶片出现黄、绿相间的条纹，缺铁严重时叶脉变黄，叶片变白，植株严重矮化。通常在石灰性土壤，通气良好条件下易缺铁；土壤中磷、锌、锰、铜含量过高，钾含量过低均可加重缺铁；施用硝态氮肥也会加重铁的缺乏。

大豆缺铁的症状首先是幼嫩叶失绿，典型的症状是叶片的叶脉之间失绿，叶片上明显可见叶脉深绿而脉间黄化，黄绿相间相当明显，顶芽不死。严重缺铁时，叶片上出现坏死斑点，叶片逐渐坏死，甚至导致整株死亡。

二、微肥施用方法

微肥施用通常有基施、种子处理与叶面喷施 3 种方法，对于土壤缺素普遍的地区通常以基施和种子处理为主，其他零星缺素田块以叶面喷施为主。施用时，根据土壤中微量元素缺失情况进行补施，缺什么补什么，如果多种微量元素缺失则同时添加，玉米、大豆同步施用。

（一）基施

适合基施的微肥主要有锌肥、硼肥、锰肥、铁肥，适合于西北、东北等先整地后播种的玉米大豆带状间作地区，采用与有机肥或磷肥混合作基肥同步施用。每亩施硫酸锌 1~2 千克、硫酸锰 1~2 千克、硫酸亚铁 5~6 千克、硼砂 0.3~0.5 千克，与腐熟农家肥或其他磷肥、有机肥等混合施入垄沟内或条施。硼砂作基肥时不可直接接触玉米或大豆种子，不宜深翻或撒施，不要过量施用，否则会降低出苗率，甚至死苗减产；基施硼肥后效明显，不需要每年施用。

（二）叶面喷施

在免耕播种地区，对于前期未进行微肥基施或种子处理的田块，可视田间缺素症状及时采用叶面混合一次性喷施方式进行根外追肥。在玉米拔节期或大豆开花初期、结荚初期各喷施 1 次 0.1%~0.3%硫酸锌、硼砂、硫酸锰和硫酸亚铁混合溶液，每亩施用药液 40~50 千克。锰肥喷施时可在稀释后的药液中加入 0.15%

熟石灰，以免烧伤作物叶片；铁肥喷施时可配合适量尿素，以提高施用效果。

此外，针对大豆苗期受玉米荫蔽影响、植株细小易倒伏等问题，可在带状套作大豆苗期（Ⅵ期，第一片三出复叶全展）喷施"太谷乐"离子钛，原液浓度为每升 4 克，施用时将原液稀释 1 000~1 500 倍，即 10 毫升（1 瓶盖）原液加水 10~15 千克搅匀后喷施。针对大豆缺钼导致根瘤生长不好、固氮能力下降等问题，可在大豆开花初期、结荚初期喷施 0.05%~0.1%钼酸铵液，每亩施用药液 30~40 千克。

【想一想】

1. 微量元素包括哪几种？
2. 微量元素缺素症状有哪些？
3. 微肥有哪些施用方法？

第五节　水分管理

一、水分管理的作用

大豆玉米带状复合种植系统中，作物优先在自己的区域吸收水分，玉米带 2 行玉米，行距窄，根系多而集中，对玉米行吸收水分较多，大豆带植株个体偏小，属于直根系，对浅层水分吸收少，对深层水吸收较多。可见，玉米、大豆植株对土壤水分吸收不同是土壤水分分布不均的原因之一。同时，玉米带行距窄导致降雨穿透偏少，而大豆带受高大玉米植株影响小，获得的降雨较多，导致大豆玉米带状复合种植水分分布特点有别于单作玉米和单作大豆。大豆玉米带状复合种植系统在 20~40 厘米土层范围的土壤含水量分布为玉米带<大豆玉米带<大豆带，且高于单作。大豆玉米带状复合种植水分利用率高于单作大豆和单作玉米。

二、大豆不同生育时期对水分的需求

大豆生育前期即从播种、出苗到分枝期，需水量约占总需水量的 30%，其中播种到出苗需水量占总需水量的 10%，出苗到分枝需水量占总需水量的 20%。随着植株的生长对水的需求逐渐增加，在大豆生育中期即分枝、开花、结荚到鼓粒期，需水量达到最大，占总需水量的 55%以上，其中分枝、开花、结荚 3 个阶段需水量占全生育期总需水量的 34.8%，特别是从开花到结荚期是大豆一生中需水的关键期；结荚到鼓粒需水量约占总需水量的 25.8%，也是大豆需水的重要时期。在大豆生育后期即鼓粒期到成熟期，大豆需水量有所减少，需水量占总需水量的 15%。

三、玉米不同生育时期对水分的需求

玉米播种至出苗期，需水量少，占总需水量的 3.1%~6.1%。出苗至拔节期，植株矮小，生长缓慢，叶面蒸腾量少，耗水量不大，占总需水量的 15.6%~17.8%。拔节至抽雄期，玉米拔节后，进入旺盛生长阶段，耗水量增大，占总需水量的 23.4%~29.6%，特别是抽雄前 10 天左右，需水更多，为需水临界期的始期。抽雄至籽粒形成期，叶面积大而稳定，植株代谢旺盛，对水分要求达一生中的高峰，亩日耗水量达 3.23~3.69 立方米。籽粒形成至蜡熟期，是玉米籽粒增重最迅速和粒重建成时期，是决定产量的重要阶段，该时期缺水会导致粒重降低而减产。蜡熟至完熟期，籽粒进入干燥脱水过程，仅需少量水分来维持植株生命活动，保证其正常成熟。

四、灌溉技术

1. 漫灌

漫灌是一种比较粗放的灌水方式，操作简单，劳动力和设备投入少。但漫灌需水量大，水的利用率很低，对土地冲击大，容易造成土壤和肥料的流失。在生产上，西北及黄淮海地区采用漫灌方式较普遍，如西北地区包头市土默特右旗，每年会引用黄河水漫灌地块两次，第一次是在每年 4 月上旬，播种之前引用黄河水漫灌地块，待土壤墒情适宜后开展播种工作；第二次是在每年的 7 月上旬，玉米大喇叭口期，大豆分枝初花期，此时漫灌可以同时满足玉米、大豆对水分的大量需求。黄淮海地区，在地块墒情较差的地块，一般会在播种前进行漫灌造墒，待墒情适宜再进行播种，后期一般无须漫灌。在多次漫灌区域应用大豆玉米带状复合种植技术，播种时需将大豆、玉米一生所需肥料作为种肥一次性施用，不能随灌水追施氮肥，以免大豆旺长不结荚。

2. 滴灌

滴灌是目前节水灌溉方式中最为有效的一种，其水分利用率高达 90%，西北地区使用普遍。该地区播种季节风大，通常在播种时随播种机将滴灌带浅埋在作物旁 4~5 厘米处，浅埋深度 2~3 厘米。为防止堵塞，一般选用内镶嵌式滴灌带，浅埋时滴头向下。进行灌溉时如遇部分滴灌带浅埋过深影响通水，可通过人工向上提拉滴灌带。每条滴灌带与主管连接处安有控制开关，便于后期通过滴灌带给不同作物追施肥料，如给玉米追施氮肥时，必须关上大豆滴灌带的开关。根据作物需水规律，一般在播后苗前、玉米拔节期（大豆分枝期）、玉米大喇叭口期（大豆开花结荚期）和玉米灌浆期（大豆鼓粒期）进行滴灌。

3. 喷灌

喷灌按管道的可移动性分为固定式、移动式和半移动式 3 种，黄淮海、西北地区应用较多。安装固定式喷灌的地块，尽量让喷灌装置位于大豆行间，避免后期喷灌受玉米株高的影响。对于移动式、半移动式喷灌，使用方式与单作大田方式相同。针对墒情不好的地块，播种时应先喷灌造墒，墒情合适再进行播种。如播种前来不及喷灌，播后喷灌要做到强度适中、水滴雾化、均匀喷洒。喷灌水量满足出苗用水即可，过量喷灌会造成土表板结，影响出苗，尤其是大豆顶土能力弱，土表板结严重会导致出苗率大幅度降低。

4. 微喷

微喷技术在黄淮海地区使用较多。对于大豆玉米带状复合种植技术，一般选择直径 4~5 厘米的微喷灌，播种后及时安装于大豆玉米行间。每隔2~2.5米安装一条微喷管即可。

【想一想】

1. 大豆不同生育时期对水分的需求是什么？
2. 玉米不同生育时期对水分的需求是什么？
3. 灌溉有哪几种方式？

第六节　合理化控

一、玉米化控降高技术

（一）使用原则

适用于风大、易倒伏的地区和水肥条件较好、生长偏旺、种植密度大、品种易倒伏、对大豆遮阴严重的田块。密度合理、生长正常地块可不化控。根据不同化控药剂上部叶片，不重喷不漏喷。喷药后6小时内如遇雨淋，可在雨后酌情减量再喷1次。

（二）常用化控药剂类型及化控方法

1. 玉米健壮素

主要成分为2-氯乙基，一般可降低株高20~30厘米，降低穗位高15厘米，并促进根系生长，从而增强植株的抗倒能力。在7~10片展开叶用药最为适宜；每亩用1支药剂（30毫升型）兑水20

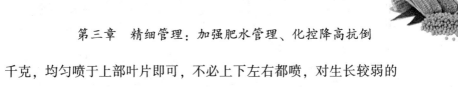

千克，均匀喷于上部叶片即可，不必上下左右都喷，对生长较弱的植株、矮株不能喷；药液要现配现用，选晴天喷施，喷后4小时遇雨要重喷，重喷时药量减半，如遇刮风天气，应顺风施药，并戴上口罩；健壮素不能与其他农药、化肥混合施用，以防失效；要注意喷后洗手，玉米健壮素原液有腐蚀性，勿与皮肤、衣物接触，喷药后要立即用肥皂洗手。

2. 金得乐

主要成分为乙烯类激素物质，能缩短节间长度，矮化株高，增粗茎秆，降低穗位15~20厘米，既抗倒伏，又减少对大豆的遮阴。一般在玉米6~8片展开叶时喷施；每亩用1袋（30毫升）兑水15~20千克喷雾；可与微酸性或中性农药、化肥同时喷施。

3. 玉黄金

主要成分是胺鲜酯和乙烯利，通过降低穗位和株高而抗倒伏，减少对大豆的遮阴，降低玉米空秆和秃尖。在玉米田间生长到6~12片叶的时候进行喷洒；1亩地用两支（20毫升）玉黄金加水30千克稀释均匀后，利用喷雾器将药液均匀喷洒在玉米叶片上；尽量使用河水、湖水，水的pH值应为中性，不可使用碱性水或者硬度过大的深井水；如果长势不匀，可以喷大不喷小；在整个生育期，原则上只需喷施1次，如果植株矮化不够，可以在抽雄期再喷施1次，使用剂量和方法同前。

二、大豆控旺防倒技术

1. 大豆旺长的田间表现

在大豆生长过程中，如肥水条件较充足，特别是氮素营养过多，或密度过大，温度过高，光照不足，往往会造成地上部植株营养器官过度生长，枝叶繁茂，植株贪青，落花落荚，瘪荚多，产量和品质严重下降。

大豆旺长大多发生在开花结荚阶段，密度越大，叶片之间重叠性就越高，单位叶片所接收到的光照越少，导致光合速率下降，光合产物不足而减产。大豆旺长的鉴定指标及方法有：从植株形态结构看，主茎过高，枝叶繁茂，通风透光性差，叶片封行，田间郁蔽；从叶片看，大豆上层叶片肥厚，颜色浓绿，叶片大小接近成人手掌，下部叶片泛黄，开始脱落；从花序看，除主茎上部有少量花序或结荚外，主茎下部及分枝的花序或荚较少、易脱落，有少量营养株（无花无荚）。

2. 大豆倒伏的田间表现

大豆玉米带状复合种植时，大豆会在不同生长时期受到玉米的荫蔽，从而影响其形态建成和产量。带状套作大豆苗期受到玉米遮阴，导致大豆节间过度伸长，株高增加，严重时主茎出现藤蔓化；茎秆变细，木质素含量下降，强度降低，易发生倒伏。苗期发生倒伏的大豆容易感染病虫害，死苗率高，导致基本苗不足；后期机械化收获困难，损失率极高。带状间作大豆与玉米同时播种，自播种后40~50天开始，玉米对大豆构成遮阴，直至收获。在此期间，间作大豆能接受的光照只有单作的40%左右，荫蔽会促使大豆株高增加，茎秆强度降低，后期发生倒伏，百粒重降低，机收困难。

3. 化学控旺防倒、增荚保产技术

目前生产中应用于大豆控旺防倒的生长调节剂主要为烯效唑或

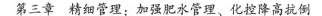

胺鲜酯。

烯效唑是一种高效低毒的植物生长延缓剂，具有强烈的生长调节功能。它被植物叶茎组织和根部吸收、进入植株后，通过木质部向顶部输送，抑制植株的纵向生长、促进横向生长，使植株变矮，一般可降低株高15~20厘米，分枝（分蘖）增多，茎枝变粗，同时促进茎秆中木质素合成，从而提高抗倒性和防止旺长。烯效唑纯品为白色结晶固体，能溶于丙酮、甲醇、乙酸乙酯、氯仿和二甲基甲酰胺等多种有机溶剂，难溶于水。生产上使用的烯效唑一般为含量5%可湿性粉剂。烯效唑的使用通常有两种方式。一是种子拌种，大豆种子表面虽然看似光滑，但目前使用的烯效唑可湿性粉剂颗粒极细，且黏附性较强，采用干拌种即可。播种前，将选好的种子按田块需种量称好种子后置于塑料袋或盆桶中，按每千克种子用量16~20毫克添加5%烯效唑可湿性粉剂，然后来回抖动数次，混拌均匀后即时播种。另一种是叶面喷施，在大豆分枝期或初花期，每亩用5%烯效唑可湿性粉剂25~50克，兑水30千克喷雾使用，喷药时间选择在晴天的下午，均匀喷施上部叶片即可，对生长较弱的植株、矮株不喷，药液要先配成母液再稀释使用。注意烯效唑施用剂量过多有药害，会导致植物烧伤、凋萎、生长不良、叶片畸形、落叶、落花、落果、晚熟。

胺鲜酯主要成分为叔胺类活性物质，能促进细胞的分裂和伸长，促进植株的光合速率，调节植株体内碳氮平衡，提高大豆开花数和结荚数，结荚饱满。胺鲜酯一般选择在大豆初花期或结荚期喷施，用浓度为60毫克/升的98%胺鲜酯可湿性粉剂，每亩喷施30~

40 千克，不要在高温烈日下喷洒，16 时后喷药效果较好。喷后 6 小时若遇雨应减半补喷。使用不宜过频，间隔至少 1 周以上。胺鲜酯遇碱易分解，不宜与碱性农药混用。

【想一想】

1. 玉米健壮素、金得乐、玉黄金如何使用？
2. 大豆旺长的田间表现有哪些？
3. 大豆如何化学控旺防倒、增荚保产？

第七节　防灾减灾

大豆、玉米生长期是干旱、洪涝、风雹等极端天气高发期，应加强灾害天气的监测预警，科学应对气象灾害，最大限度减少灾害损失。

一、干旱

大豆苗期适当干旱有利于根系下扎，可起到蹲苗的效果，但如果叶片失水较重则应及时浇水。7 月底 8 月初，如遇旱应及时灌溉，防止大豆落花不结荚、玉米卡脖旱。

二、大风

大豆、玉米生长后期，遇到大风天气出现倒伏时，可喷施叶面肥，防治病虫害，延长叶片功能期，提高粒重。

三、渍涝

农作物除涝排水标准是以农田的淹水深度和淹水历时不超过农作物正常生产允许的耐淹深度和耐淹历时为标准。大豆、玉米生长期间降水较多，要提前疏通沟渠提高排涝能力，如遇强降水形成田间渍涝，应及时排水。在大豆玉米带状复合种植时，根据不同作物最低耐淹水深和耐淹历时，在作物生长中后期，全田的淹水深度不能超过 10 厘米，淹水时间小于 1.5 天。防渍排水标准是控制农作物不受渍害的农田地下水排降标准，即地下水位应在旱作物耐渍时间内排降到农作物耐渍深度以下。根据玉米、大豆的最低耐渍深度和时间，作物生长中后期的耐渍深度不超过 0.4 米，耐渍时间不超过 4 天。受涝地块容易造成土壤养分流失，排涝后应及时在大豆带和玉米带之间追复合肥（N−P−K＝15−15−15）10 千克，或适当喷施叶面肥，减少对产量的影响。

【想一想】

1. 渍涝的标准是什么？如何减灾？

2. 如何减小大风、干旱的危害？

第八节　收获模式

一、两种作物的成熟特性

（一）大豆

大豆适宜收获时间较短。收获时间过早，籽粒尚未充分成熟，蛋白质和脂肪等营养成分的含量较低；收获时间过晚，大豆失水过多，会造成大量炸荚掉粒。最适宜时期是在大豆完熟初期，此期大豆叶片全部脱落，茎、荚和籽粒均呈现出原有品种的色泽，籽粒含水量下降到20%~25%，用手摇动植株会发出清脆响声。青贮收割时间为大豆鼓粒末期。

此外，选用适宜机收大豆品种也非常关键。如果选用结荚部位低、脱水快的品种，收割时易产生漏收、炸荚、抛枝、掉枝及大豆泥花等。当收获机上割刀的离地高度太高时，就会发生漏割（豆荚未割下）、炸荚（割到豆荚）等损失；而割刀离地高度太低时又会出现割刀铲土、大豆泥花等现象。

（二）玉米

玉米适宜收获的时间较长。收获时间过早，粒重较轻，产量降低，而收获时间过晚，玉米果穗会掉落，影响产量和品质。当茎叶和苞叶变黄、籽粒乳线消失、顶部出现黑层时，表示玉米已成熟，籽粒含水量约30%，适合用果穗收获机摘穗；籽粒含水率下降到25%左右，适合用籽粒收获机收获；青贮收获时间为籽粒玉米乳线处在 1/3～1/2 时。

二、收获模式

在大豆玉米带状复合种植中，玉米、大豆成熟顺序的不同，其所对应的机械收获模式也不一样，有玉米先收、大豆先收和玉米、大豆同时收 3 种模式。

1. 玉米先收

适用于玉米先于大豆成熟的区域，主要分布在西南套作区及华北间作区。该模式通过窄型两行玉米联合收获机或高地隙跨带玉米联合收获机先将玉米收获，然后等到大豆成熟后再采用生产常用的大豆机收获大豆。

2. 大豆先收

适用于大豆先于玉米成熟，主要分布在黄淮海、西北等地的间作区。该模式通过窄型大豆联合收获机先将大豆收获，然后等玉米成熟后再采用生产常用的玉米机收获玉米。

3. 玉米、大豆同时收

适用于玉米、大豆成熟期一致，主要分布在西北、黄淮海等地的间作区。同时收模式有两种形式：一是采用当地生产上常用的玉米和大豆机型，一前一后同时收获玉米和大豆；二是采用青贮收获机同时对玉米、大豆收获粉碎供青贮用。

【想一想】

1. 玉米和大豆两种作物的成熟特性是什么？

2. 大豆玉米带状复合种植有哪些收获模式？

第四章　机械作业：机播机管机收

第一节　机械化播种

一、播种方式及机具选择

1. 同机播种施肥机型和机具参数选择

西南、西北和东北地区大豆玉米带状间作同机播种施肥作业时可选用 2BF-4、2BF-5 或 2BF-6 型大豆玉米带状间作精量播种施肥机，其整机结构主要由机架、驱动装置、肥料箱、玉米株（穴）距调节装置、大豆株（穴）距调节装置、玉米播种单体和大豆播种单体组成。驱动装置和播种单体安装于机架后梁上，中部 2~4 个单体为大豆播种单体，两侧单体为玉米播种单体，肥料箱安装于机架正上方。若选用当地大豆玉米播种施肥机，技术参数应达到表 4-1 的要求。

表 4-1 玉米、大豆行比 2 : (2~6) 的带状间作播种施肥机技术参数

结构	配套动力 (千瓦)	玉米、 大豆 (行数)	播幅 (毫米)	带间距 (毫米)	玉米行距 (毫米)	大豆行距 (毫米)	玉米株距 (毫米)	大豆株距 (毫米)
仿形播种 单体结构	>100	2、2~6	2 000~ 2 400	600~ 700	400	250~ 300	80、100、 120	80、 100>120

黄淮海大豆玉米带状间作同机播种施肥作业可选用 2BMFJ-6 型大豆玉米免耕覆秸精量播种施肥机。免耕覆秸精量播种施肥机可在作物（小麦、大豆、玉米）收割后的原茬地上直接完成播种施肥全过程。该机集种床整备、侧深施肥、精量播种、覆土镇压、喷施封闭除草剂和秸秆均匀覆盖等功能于一体。若选择当地的玉米、大豆播种施肥机，技术参数应达到表 4-2 的要求。

表 4-2 玉米、大豆行比 2 : (2~4) 带状间作播种施肥机技术参数

结构	配套动力 (千瓦)	玉米、 大豆 (行数)	播幅 (毫米)	带间距 (毫米)	玉米行距 (毫米)	大豆行距 (毫米)	玉米株距 (毫米)	大豆株距 (毫米)
仿形播种 单体结构	>38	2、2~4	1 600~ 2 000	600~ 700	400	300	100、 120、140	80、 100、120

2. 异机播种机型和机具

大豆玉米带状套作需要先播种玉米，在玉米抽雄吐丝期再播种大豆，采用异机播种方式。可分别选用玉米、大豆带状套作播种施肥机，也可通过更换播种盘，增减播种单体，实现玉米、大豆播种用同一款机型。

玉米播种机主要由两个玉米播种单体、种箱、肥箱、仿形装

置、驱动轮、实心镇压轮等组成，而大豆播种机主要由 3 个大豆播种单体、种箱、肥箱、仿形装置、驱动轮、"V"形镇压轮等组成，受播种时播幅、行株距及镇压力大小等因素影响。

二、播前调试技术

1. 播前机具检查与单体位置调整

先检查和拧紧机具紧固螺栓，按照农艺技术要求，同机播种施肥机要调整好玉米播种单体与大豆播种单体的距离（间距）、2~6个大豆播种单体间距离（大豆行距）及玉米（大豆）播种单体与施肥单体之间距离，异机播种施肥机只需调整好播种单体之间及播种单体与施肥单体之间的水平距离；为防止种肥烧种烧苗，通常要求两个开沟器水平错开距离不少于 10 厘米；检查排种器放种口盖是否关闭严密，可以通过调整箱扣搭接螺钉长度消除缝隙，防止漏种。

2. 播种施肥机左右水平调整

播种施肥机的水平调整实质就是保证每个播种单体开沟深度一致，不出现左右倾斜晃动现象。一般调整方式是，通过拖拉机的三点悬挂将播种施肥机挂接好，然后调整拖拉机提升杆的长度实现机具水平。判断播种机是否处于水平位置通常是通过液压系统将播种机降下，使开沟器尖贴近水平地表，测量两侧的开沟器尖离地高度是否一致。

若机具左高右低时，可伸长左侧提升杆或缩短右侧提升杆；若机具右高左低时，可伸长右侧提升杆或缩短左侧提升杆；若机具向左侧倾斜时，可延长左侧连接杆或缩短右侧连接杆，再用螺栓锁住左右两侧连接杆的销孔；若机具向右侧倾斜时，可延长右侧连接杆或缩短左侧连接杆，再用螺栓锁住左右两侧连接杆的销孔；若机具晃动，则调节左右下拉杆中间的可调拉杆。

3. 播种施肥机前后水平调整

调整播种施肥机前后水平高度的实质就是保证机具在工作时不会出现"扎头"现象，保证机具处于良好的工作状态。通常厂家为方便机手检查机具前后位置水平状态，会在肥箱外侧面安装一重力调平指针，若重力调平上下指尖未对齐，则机具的前后不在一个水平位置。

通常采用调整拖拉机的上拉杆实现机具的前后水平一致。在调节时需要将机具放置在水平地面上，然后松开上拉杆两端的锁紧螺母，再通过旋转延长或缩短上拉杆，如果播种机处于前倾后仰位置则采用延长上拉杆方法调整，后倾前仰则缩短上拉杆。调整好上拉杆后应将拉杆两头的螺母锁紧。

4. 播种施肥深度调整

播种施肥机作业前，必须进行施肥与播种深度的调整。调整前可先试播一定的距离，扒开播种带与施肥带的土壤，测量种子与种肥的深度。

（1）调整施肥深度。拧松施肥开沟器的锁紧螺母，通过上移或下移施肥开沟器，改变开沟器与机架的相对位置，来实现施肥深度的调整。调整完毕后，锁紧开沟器的锁紧螺母。一般施肥深度在10~15厘米即可。

（2）调节播种深度。主要通过播深调节机构改变限深轮与播种开沟器的垂直距离。通常播种施肥机播种深度调节装置有两种，一种是在播种单体的开沟器两边增设限深轮，拧松限深轮锁紧螺母 A 和螺母 B，通过上移或下移限深轮来调整限深轮与开沟器之间垂直距离，从而改变播种深度，调整完毕后，拧紧锁紧螺母 A 和螺母 B 即可。通常玉米播深为 5~7 厘米，大豆播深 3~5 厘米。另一种结构是镇压轮兼作限深轮，该结构在调整播深时，首先松开镇压限深轮锁紧螺钉，然后通过转动镇压轮的调深手柄就可以实现调节，通常顺时针转动时，镇压限深轮向下移动，播种深度减小，反则播深加大。另外，也可参考播种单体后下方的深度标尺进行调试，调试好之后再拧紧锁紧螺钉固定好手柄即可。

5. 排种量的调整

（1）穴距的调整。穴距调整一般是通过调整变速箱挡位实现，在变速箱内设置了多个不同穴距的挡位，机手在调节时可按照播种穴距要求，通过变速箱上操作杆选择挡位即可。

（2）播量调整。勺轮式排种器的排种隔板左上方设有一缺口，这个缺口就是排种器上的递种口。调节隔板的位置，就可调整播种量。递种口越高，播种量越小；递种口越低，播种量越大。

除此之外，可通过调整定位槽的位置来调整播量，隔板离定位槽越左，则播种量越大；隔板离定位槽越右，则播种量越小。

6. 施肥量调整

通过转动施肥量调节手轮实现排肥器水平移动，从而改变播种机的施肥量，调节时施肥量指针随着排肥器同步移动。当手轮顺时针旋转时，指针从"1"向"6"方向移动，施肥量增加。

施肥量的检查和调整具体方法为，利用拖拉机液压举升装置将播种机升起到地轮离开地面的位置，采用塑料口袋收集从排肥口排出的肥料，用手转动地轮1周，采集其中一个排肥盒排出的化肥，称出重量除以地轮的周长即为排肥器单位长度的施肥量（千克/米）。如果测出的每亩施肥量不合适，则重新调整，反复几次达到合适为止。

7. 覆膜播种机调整事项

玉米大豆间作覆膜播种机采用中间覆一幅膜播两行玉米，左右分别覆一幅膜，每幅膜上播2行大豆。播种过程中地膜容易出现位置偏移或覆膜表面出现褶皱现象，需对地膜进行适当的调整。

首先，要拉伸地膜保证地膜的平整性，防止出现褶皱。

其次，要通过调整挂膜架来增强地膜的密封性，播种时不允许有空气进入膜内，否则会影响地膜覆土播种的质量和效果。

播种时如果有较大的风力，需要增加覆土的厚度，增加地膜表面的压力，防止风力将地膜掀开进入空气。

覆土圆盘要根据农作物需要的覆土量调整，调整角度是外张角40°左右，入土深度保持在5~7厘米，这样可以确保覆土系统正常工作。

三、机播作业注意事项

第一，播种过程中要保证机具匀速直线前行；转弯过程中应将播种机提升，防止开沟器出现堵塞；行走播种期间，严禁拖拉机急转弯或者带着入土的开沟器倒退，避免对播种施肥机造成不必要的损害。

第二，在播种过程中必须对田间播种的效果进行定期检查。随机抽取 3~5 个点进行漏播和重播检测以及播深检查，看其是否达到规定的播种要求。通过指定一定距离的行数计测，检查播种行距是否符合规定要求，相邻作业单元间隔之间的行距误差是否满足规定要求，并检查播种的直线程度。

第三，播种机在使用的过程中应密切观察机器的运转情况，发现异常及时停车检查。当种子和肥料的可用量少于容积的 1/3 时，应及时添加种子和化肥，避免播种机空转造成漏播现象。

第四，在覆膜播种机作业过程中，注意对以下几种突发状况的正确处置。如果地膜出现斜向皱纹，应停车调整压膜轮压力使其左右一致后，再继续保持直线匀速前进；如果地膜出现纵向皱纹，应降低机械前进速度，减小膜卷的卡紧力，并增加压膜轮的压力；如果地膜出现横向皱纹，应增加膜卷卡紧力，减小压膜轮的压力，并提高机械前进速度；如果地膜出现偏斜现象，应将膜卷重新对正畦面，使其与前进方向保持垂直，然后匀速直线前进。

【想一想】

1. 同机播种施肥机有哪几种机型？

2. 播前如何进行调试？

3. 机播作业有哪些注意事项？

第二节　机械化施肥

大豆玉米带状复合种植田的施肥方法与净作田是不一样的，要注意以下几点。

一是施肥采用种肥同播技术，足量施肥，玉米使用专用复合肥，大豆使用磷钾复合肥。

二是适用播种机械。西南地区可选用 2BYFSF-2（3）型大豆玉米带状套作施肥播种机，黄淮海地区可选用 2BYFSF-6 型或 2BMFJ-PBJZ6 型大豆玉米带状间作施肥播种机施肥；西北地区需要覆膜播种时可选择 2BYFSF-5 型鸭嘴式大豆玉米带状间作施肥播种机。大豆玉米带状间作施肥播种机，实行种肥同播。

三是播种时要注意土壤含水量，做到足墒下种，土壤缺水的地块应先造墒再播种，不能播后再浇水。

四是追肥按常规种植措施，玉米在喇叭口期，大豆在花荚期进行追肥。

【议一议】

1. 玉米为什么要采用大排量的施肥器？

2. 玉米的施肥量如何确定？

第三节　机械化喷药

机械化喷药比较复杂，特别是大豆玉米带复合种植田对除草剂的要求更高，因为玉米是单子叶作物，大豆是双子叶作物，而除草剂的选择性又比较强，所以技术要求更高。下面重点介绍除草剂的喷施方法。

一、喷雾机介绍

针对大豆玉米对除草剂的选择性差异，需要采用自走式双系统分带喷雾机。该机主要由分带幕板、双施药变量喷雾系统和风幕辅助气流系统等结构组成。也可选用生产上常用的自走式喷雾机，然后在喷雾装置上增设塑料薄膜等分隔装置来实现分带喷施。忌在雨天、大雾等恶劣条件下进行喷药作业。

二、喷施作业操作方法

1. 田间作业前

一是应在发动机未启动状态下，检查所有紧固件是否紧固，喷头装置、电瓶电压与轮胎气压等是否正常。

二是启动发动机，达到额定转速，操作喷杆升降、左右喷杆桁架的展开，检查分带幕板是否折叠和分带是否严密等。

三是调整喷雾压力至规定值，试喷 2 分钟以上，检查所有喷头的喷雾状态和双施药变量喷雾系统是否良好。

2. 田间作业时

一是规划好作业路线，减少空驶行程和压苗损失，避免逆风喷施。

二是田间行走时轮胎应行走在大豆与玉米带间（60 厘米），禁止行走在窄行大豆带间。

三是喷头距离作物冠层 50 厘米左右，喷雾机作业速度在 5~8 千米/小时。

四是亩喷药量 10~20 千克。

三、喷施作业注意事项

操作人员应佩戴口罩，做好防护，避免农药中毒。

施药作业地块边际 50 米范围内无鱼塘、河流、湖泊等水源，喷洒结束后若药箱内还有剩余药液，应妥善处理，严禁随地倾倒。

植保作业时，适宜环境温度为 5~35℃，当气温超过 35℃时应暂停作业，相对湿度宜在 50% 以上，风速大于 3 级、雨天、雾天禁止作业。

【想一想】

1. 常用的喷雾机主要由哪几部分组成？

2. 喷施作业有哪些注意事项？

第四节 机械化收获

一、玉米先收技术

玉米先收技术是指在大豆带间用玉米联合收获机收获玉米的一种技术。采用玉米先收技术必须满足玉米先于大豆成熟的要求。

除了严格按照大豆玉米带状复合种植技术要求种植外，应在地块的周边种植玉米。收获时，先收周边玉米，利于机具转行收获，缩短机具空载作业时间。

玉米收获机种类很多，尺寸大小不一。玉米带位于两带大豆带之间，因此，选用的玉米收获机的整机宽度不能大于大豆带间距离，不同区域的大豆带间距离为 1.6~1.8 米，因此只能选用整机总宽度≤1.6 米的两行玉米机。

（一）机具型号与机具参数

先收玉米模式采用窄型两行玉米果穗收获机，机具总宽度≤1.6 米，整机结构紧凑，重心低。表 4-3 为适用于大豆玉米带状复合种植模式玉米机收作业的代表机型及适宜机型的主要参数。

表 4-3 适宜机型的主要参数

名称	外形（长×宽×高）（毫米）	功率（千瓦）	作业效率（亩/小时）	果穗损失率（%）	含杂率（%）	生产厂家
国丰山地丘陵玉米果穗收获机	6 350×1 500×3 220	45	5~8	≤1	≤3	山东国丰机械有限公司

（续表）

名称	外形（长×宽×高）（毫米）	功率（千瓦）	作业效率（亩/小时）	果穗损失率（%）	含杂率（%）	生产厂家
金达威 4YZP-2C 自走式玉米收获机	4 750×1 590×2 545	36.8	3~6	≤1.1	≤2.5	莱州市金达威机械有限公司
玉丰 4YZP-2X 履带自走式玉米收获机	4 300×1 550×1 990	33	4~6	≤2	≤3	山东玉丰农业装备有限公司
华夏 4YZP-2A 自走式玉米收获机	4 700×1 500×2 600	102	5~7	≤2	≤2	山东华夏拖拉机制造有限公司
金大丰 4YZP-2C 自走式玉米收割机	6 500×1 360×3 050	128	6~18	≤2	≤5	山东金大丰机械有限公司
巨明 4YZP-268 自走式玉米收获机	6 750×1 600×3 050	48	8~10	≤4	≤4	山东巨明机械有限公司
仁达 4YZX-2C 自走式玉米收获机	5 700×1 600×2 800	73	3~12	≤2	≤5	山西仁达机电设备有限公司
沃德 4YZ-2B 玉米收获机	5 300×1 600×2 850	48	3~6	≤2	≤3	河南沃德机械制造有限公司

（二）主要部件的功能与调整

玉米果穗收获机主要作业装置包括割台、输送装置、剥皮装置、果穗箱以及秸秆粉碎装置等。

玉米果穗的一般收获流程为：玉米植株首先在拨禾装置的作用下滑向摘穗口，茎秆喂入装置将玉米植株输送至摘穗装置进行摘穗，割台将果穗摘下并输送至升运器，果穗经升运器输送至剥皮装置，果穗剥皮后进入果穗箱，玉米秸秆粉碎后还田（或切碎回收）。

1. 割台的结构与调整

（1）割台的结构。玉米联合收获机割台的主要功能是摘穗和粉碎秸秆，并将果穗运往剥皮或脱粒装置。割台的结构，由分禾装置、茎秆喂入装置、摘穗装置、果穗输送装置等组成。

（2）割台的使用与调整。

①根据玉米结穗的不同高度，将割台作相应的高度调整，以摘穗辊中段略低于结穗高度为最佳，通过操纵割台液压升降控制手柄即可改变割台的高低。

②摘穗板间隙通常要比玉米秸秆直径大 3~5 毫米。通常通过移动左、右摘穗板来实现摘穗板间隙的调整。首先将其固定螺栓松开，然后左、右对称移动摘穗板到所需间隙，最后紧固螺栓即可。

③割台的喂入链松紧度通过调整链轮张紧架来实现。

2. 果穗升运器的功能与调整

果穗升运器主要采用刮板式结构，它的作用是将割台摘下的带苞叶的玉米果穗输送到剥皮装置或者脱粒装置。升运器的链条在使用当中应及时定期检查、润滑和调整，链条松紧要适当，过紧或过松都会影响升运器的工作效率。升运器链条松紧是通过调整升运器主动轴两端的调整螺栓实现的，首先拧松锁紧螺母，然后转动调节螺母，左右两链条的张紧度应一致，正常的张紧度为用手在中部提起链条时离底板高度约 60 毫米。

3. 果穗剥皮装置的功能与调整

（1）果穗剥皮装置的功能。玉米联合收获机的剥皮装置主要功能是将玉米果穗的苞叶剥下，并将苞叶、茎叶混合物等杂物排出。一般是由剥皮机架、剥皮辊、压送器、筛子等组成。其中，剥皮辊组是玉米剥皮装置中最主要的工作部件，对提高玉米果穗剥皮质量和生产效率具有决定性的作用。

（2）剥皮机构的调整。

①星轮和剥皮辊间隙调整。星轮压送器与剥皮辊的上下间隙可根据果穗的直径大小进行调整，调整完毕后，需重新张紧星轮的传动链条。

②剥皮辊间距的调整。剥皮辊间距关系着剥皮效率和对玉米籽粒的损伤程度。所以根据不同玉米果穗的直径可适当调整剥皮辊间隙，调整时通过调整剥皮辊外侧一组调整螺栓，改变弹簧压缩量，实现剥皮辊之间距离的调整。

③动力输入链轮、链的调整。调节张紧轮的位置，改变链条传动的张紧程度。

（三）收获操作技术

先收玉米作业时，首先收获田间地头两端的玉米，再收大豆带间玉米。收获大豆带间玉米时需注意玉米收获机与两侧大豆的距离，防止收获机压到两边的大豆。若大豆有倒伏，可安装拨禾装置拨开倒伏大豆。完成玉米收割，等大豆成熟后，选用生产中常用大豆收获机收割剩下的大豆，操作技术与单作大豆相同。收获玉米过程中机手应注意以下事项。

（1）机器启动前，应将变速杆及动力输出挂挡手柄置于空挡位置；收获机的起步、结合动力挡、运转、倒车时要鸣喇叭，观察收获机前后是否有人。

（2）收获机工作过程中，随时观察果穗升运过程中的流畅性，防止发生堵塞、卡住等故障；注意果穗箱的装载情况，避免果穗箱装满后溢出或者造成果穗输送装置的堵塞和故障。

（3）调整割台与行距一致，在行进中注意保持直线匀速作业，避免碾压大豆。

（4）玉米收获机的工作质量应达到籽粒损失率≤2%、果穗损失率≤5%、籽粒破损率≤1%以及苞叶剥净率≥85%。

二、大豆先收技术

大豆先收技术是指在玉米带间用大豆收获机收获大豆的一种技术。采用大豆先收技术必须满足以下要求。

一是大豆先于玉米成熟。

二是除了严格按照大豆玉米带状复合种植技术要求种植外，应在地块的周边种植大豆。收获时，先收周边大豆，利于机具转行收获，缩短机具空载作业时间。

三是大豆收获机种类很多，尺寸大小不一。大豆带位于两带玉米带之间，因此，选用的大豆收获机的整机宽度不能大于玉米带间距离，不同区域的玉米带间距离为1.6~2.6米，因此只能选用整机总宽度小于当地采用的玉米带间距离的大豆收获机。

（一）机具型号与参数

大豆先收技术要求大豆收获机整机宽度≤1.6米，割茬高度低于5厘米，作业速度应在3~6千米/小时范围内，为适用于玉米大豆带状复合种植模式大豆机收作业的代表机型。现有适合的 3 种机型，参数见表 4-4。

表 4-4　适宜大豆收获机具参数

机型	外形 （长×宽×高） （毫米）	割台幅宽 （毫米）	作业效率 （亩/小时）	生产厂家
GY4D-2	4 350×1 570×2 550	1 450	2.25～4.5	四川刚毅科技集团有限公司
4LZ-3.0Z	4 300×1 780×2 675	1 550	4.05～7.32	德阳市金兴农机制造有限责任公司
4LZ-0.8	2 700×1 420×1 350	1 200	0.9～1.47	山东唯信农业科技有限公司

（二）主要部件及功能

GY4D-2 大豆通用联合收获机，主要由切割装置、拨禾装置、中间输送装置、脱粒装置、清选装置、行走装置、秸秆粉碎装置等组成。主要功能是将田间大豆整株收割，然后脱粒清选，最后将秸秆粉碎后回收作饲料或直接还田。

1. 割台的功能与调整

大豆联合收获机中割台总成是由拨禾轮、切割器、搅龙等工作部件及其传动机构组成，主要用以完成大豆的切割、脱粒和输送，是大豆联合收获机的关键部分。

（1）割台。根据大豆收获机械的不同特点，割台有卧式和立式两种，主要由拨禾轮、分禾器、切割器、割台体、搅龙和拨指机构等组成。

（2）拨禾轮。拨禾轮的作用是将待割的大豆茎秆拨向切割装置中，防止被切割的大豆茎秆堆积于切割装置中，造成堵塞。通常采用偏心拨禾轮，主要由带弹齿的拨禾杆、拉筋、偏心辐盘等组成。

拨禾轮的安装位置是影响大豆作业的重要因素之一。当安装高度过高时，弹齿不与作物接触，造成掉粒损失；安装高度过低，会将已割作物抛向前方，造成损失。一般情况下为使弹齿把割下作物很好地拨到割台上，弹齿应作用在豆秆重心稍上方（从顶荚算起重心约在割下作物的 1/3 处），若拨禾轮位置不正确可通过移动拨禾轮在割台支撑杆上的位置实现调节。收割倒伏严重的大豆时，弹齿可后倾 15°~30° 以增强扶倒能力。

（3）切割装置。切割装置也称切割器，是大豆联合收获机的主要工作部件之一，其功用是将大豆秸秆分成小束，并对其进行切割。切割器有回转式和往复式两大类，大豆联合收获机常用的是往复式切割器。

切割器的调整对收割大豆质量有很大影响。为了保证切割器的切割性能，当割刀处于往复运动的两个极限位置时，动刀片与护刃器尖中心线应重合，误差不超过 5 毫米；动刀片与压刃器之间间隙不超过 0.5 毫米，可用手锤敲打压刃器或在压刃器和护刃器梁之间加减垫片来调整；动刀片底面与护刃器底面之间的切割间隙不超过 0.8 毫米，调好后用手拉动割刀时，以割刀移动灵活、无卡滞现象为宜。

（4）搅龙的调整。割台搅龙是一个螺旋推运器，它的作用是将割下来的作物输送到中间输送装置入口处。为保证大豆植株能顺利喂入输送装置，割台搅龙与割台底板距离应保持在 10~15 毫米为宜，调节割台搅龙间隙可通过割台侧面的双螺母调节杆进行调节；同时要求拨禾杆与底板间隙调整至 6~10 毫米，若拨禾杆与底板间隙过小，则大豆植株容易堵塞，间隙过大则喂不进去，拨禾杆与底板间隙可通过割台右侧的拨片进行调整。

2. 中间输送装置的功能与调整

大豆联合收获机的中间输送装置是将割台总成中的大豆均匀连续地送入脱粒装置。

收获大豆用中间输送装置一般选用链耙式，链耙由固定在套筒滚子链上的多个耙杆组成，耙杆为"L"形或"U"形，其工作边缘做成波状齿形，以增加抓取大豆的能力；链耙由主动轴上的链轮带动，被动辊是一个自由旋转的圆筒，靠链条与圆筒表面的摩擦转动，上面焊有筒套来限制链条，防止链条跑偏。

在调整输送间隙时，可打开喂入室上盖和中间板的孔盖，通过垂直吊杆螺栓调节，被动轮下面的输送板与倾斜喂入室床板之间的间隙应保持在 15~20 毫米为宜。在调节输送带紧度时，输送带的紧度应保持恰当，使被动轮在工作中有一定的缓冲和浮动量，其紧度可通过调节输送装置张紧弹簧的预紧度来调整。

3. 脱粒装置的功能与调整

脱粒装置是大豆联合收获机的核心部分，一般由滚筒和凹板组成，其功能主要是把大豆从秸秆上脱下来。

（1）脱粒滚筒。按脱粒元件的结构形式的不同，滚筒在大豆联合收获机中主要有钉齿式、纹杆式与组合式 3 种。一般套作大豆收获选用钉齿式脱粒滚筒，钉齿式脱粒元件对大豆抓取能力强，机械冲击力大，生产效率高。

（2）凹板。大豆联合收获机中常用的大豆脱粒用凹板有编织筛式、冲孔式与栅格筛式3种。凹板分离率主要取决于凹板弧长及凹板的有效分离面积，当脱粒速度增加时，凹板分离率也相应提高。

（3）脱粒速度（滚筒转速）。钉齿滚筒的脱粒速度就是滚筒钉齿齿端的圆周速度，脱粒滚筒转速一般不低于650转/分钟时，才允许均匀连续喂入大豆茎秆。喂入时要严防大豆茎秆中混进石头、工具、螺栓等坚硬物，以免损坏脱粒结构和造成人身事故。

（4）脱粒间隙。安装滚筒时，需要注意滚筒钉齿顶部与凹板之间的间隙（脱粒间隙），大豆收获机中通常都是采用上下移动凹板的方法改变滚筒脱粒间隙。通常钉齿式大豆脱粒装置的脱粒间隙为3~5毫米。

4. 清选装置的功能与调整

清选装置的作用是将脱粒后的大豆与茎秆等混合物进行清选分离。主要采用振动筛—气流组合式清选装置，该装置主要由抖动板、风机、振动上筛、振动下筛等组成，工作原理是根据脱粒后混合物中各成分的空气动力学特性和物料特性差异，借助气流产生的力与清选筛往复运动的相互作用来完成大豆籽粒和茎秆等杂物的分离清选。

（1）清选筛开度调整。上筛片前段开度开到1/2以上，其余开1/3或更小；下筛片开1/3或更小；尾筛开1/3；尾筛后挡板与尾筛框平齐。

（2）风量调整。在选择收获机时尽量选用可调整风量与筛片开度的机具，这样能够控制夹带损失。调整时，改变风量调节板开度来改变进风口大小，一般风机转速为 1 000~1 200 转/分钟。

5. 行走装置的功能与调整

行走装置一方面直接与地面接触并保证收获机的行驶功能，另一方面还要支撑主体重量。由于作业空间不大、田间路面复杂，要求收获机有较高的承载性能、牵引性能，常采用履带式底盘。

使用履带式收获机之前，应该检查两侧履带张紧是否一致，若太松或太紧可通过张紧支架调整，最后还需检查导向轮轴承是否损坏，若损坏需要及时更换。

（三）收获操作技术

收获玉米带间大豆时，应保持收获机与两侧玉米有一定的距离，防止收获机压到两边的玉米。收获大豆作业时，收获机的割台离地间隙较低，大豆植株都可喂入割台内。完成大豆收割后，用当地常用的玉米收获机收获剩下的玉米。具体注意事项如下。

第一，作业前应平稳结合作业装置离合器，油门由小到大，到稳定额定转速时，方可开始收获作业，在机具进行收获作业过程中需要注意发动机的运转情况是否正常等。

第二，大豆收获机在进入地头和过沟坎时，要抬高割台并采用低速前行方式进入地头。当机具通过高田埂时，应降低割台高度并采用低速的方式通过。

第三，为方便机具田间调头等，需要先将地头两侧处的大豆收净，避免碾压大豆；收获作业时控制好割台高度，将割茬降至 4~6

厘米内即可；在收获作业过程中保证机具直线行驶。

第四，大豆植株若出现横向倒伏时，可适当降低拨禾轮高度，但决不允许通过机具左右偏移的方式来收获作业；若出现纵向倒伏时，可将拨禾轮的板齿调整至向后倾斜12°~25°的位置，使得拨禾轮升高向前。

第五，正常作业时，发动机转速应在2 200转/分钟以上，不能让发动机在低转速下作业。收获作业速度通常选用Ⅱ挡即可；若大豆植株稀疏时，可采用Ⅲ挡作业；若大豆植株较密、植物茎秆较粗时，可采用Ⅰ挡作业。尽量选择上午进行收获作业，以避免大豆炸荚损失。

第六，收获一定距离后，为保证豆粒清洁度，机手可停车观察收获的大豆清洁度或尾筛排出的秸秆杂物中是否夹带豆粒来判断风机风量是否合适。收获潮湿大豆时，风量应适当调大；收获干燥的大豆时，风量应调小。

三、同时收获技术

同时收获技术有两种方式，一是采用当地生产上常用的玉米收获机和大豆收获机一前一后同时收获玉米和大豆，二是采用大型青贮收获机同时对玉米、大豆一起收获粉碎供青贮用。要实现玉米和大豆同时收获，必须选择生育期相近、成熟期一致的玉米和大豆品种。收获青贮要选用耐阴不倒、底荚高度大于15厘米、植株较高的大豆品种，以免漏收近地大豆荚。

若采用玉米大豆混合青贮，需选用割幅宽度在1.8米及其以上

大豆玉米带状复合种植与病虫草害绿色防控

的既能收获高秆作物又能收获矮秆作物的青贮收获机。

（一）混合青贮机具选择

生产中通常采用立式双转盘式割台的青贮收获机，喂入的同时又能对籽粒和秸秆进行切碎和破碎。主要参数见表4-5。

表4-5　青贮饲料收获机参数

机型	外形尺寸（长×宽×高）（毫米）	功率（千瓦）	作业效率（亩/小时）	留茬高度（毫米）	工作幅宽（米）	生产厂家
4QZ-2100	5 300×2 100×3 300	132	6.3~12.6	≤150	2.1	河北顶呱呱机械制造有限公司
美诺9265	7 500×3 100×3 500	192	6.15~16.8	≤120	2.9	中机美诺科技股份有限公司
4QZ-3000	7 260×3 050×4 220	176	4.8~9.3	≤150	3.0	新疆机械研究院股份有限公司
4QZ-3	6 500×2 130×3 330	78	5.7~11.4	≤150	2.0	山东五征集团有限公司

（二）青贮收获机主要部件和功能

割台是自走式青贮饲料收获机工作的关键部件，其主要由推禾器、割台滚筒、锯齿圆盘割刀、分禾器、护刀齿、滚筒轴、清草刀等组成。

自走式青贮饲料收获机割台工作时，作物由分禾器引导，由锯齿双圆盘切割器底部的锯齿圆盘割刀将青贮作物沿割茬高度切断，刈割后的作物在割台滚筒转动的作用下向后推送，经喂入辊将作物送入破碎和切碎装置，玉米果穗和秸秆首先通过滚筒挤压破碎后送入切碎装置中经过动、定刀片的相对转动将作物切碎，并由抛送装置抛送至料仓。

锯齿圆盘割刀的主要功能是将生长在田里的秸秆类作物割倒，并尽量保证实现较低的割茬高度。一般情况下，切割器需保证切割速度获得可靠的切削，不产生漏割或尽量减少重割，锯齿圆盘割刀选择为旋转式切割方式作业，其由圆盘刀片座、圆盘刀片组成。

（三）主要工作装置的使用与调整

圆盘割刀和喂入辊作为青贮收获机的主要工作部件，其工作性能的好坏将直接影响青贮收获机的作业性能和作业质量。因此在使用中应经常查看割刀的磨损及损坏情况，保持割刀的锋利和完好。

当喂入刀盘被作物阻塞时，应检查内部喂入盘的刮板，可将塑料刮板改为铁质刮板，同时检查喂入盘内部与刮板的距离，此距离应为2毫米。当喂入辊前方被作物阻塞时，应检查喂入辊弹簧的情况，可通过调节螺母来改变拉压弹簧的拉压情况，也可通过加装铁质零部件来提高作物喂入角，改善喂入效果。

（四）青贮收获机操作技术

收获前，首先对青贮联合收获机进行必要的检查与调整；其次要准备好运输车辆，只有青贮收获机和运输车辆在田间配合作业才能提高青贮收获机的作业效率。

收获过程中，驾驶员要观察作业周围的环境，及时清除障碍物，如果遇到无法清除的障碍物，如电线杆这类障碍物，要缓慢绕行。在机械作业过程中如果发现金属探测装置发出警报时，要立即

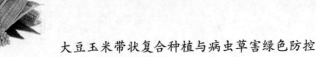

停车，清除障碍物后方可启动继续作业。

收获时，收获机通常是一边收割一边通过物料输送管将切碎的青贮物料吹送到运料车上，从而完成整个收获工作。因此，收获过程中，青贮收获机需要与运料车并行，并随时观察车距，控制好物料输送管的方向。

待运料车装满后需要将收获机暂停作业，再换运料车。工作过程中，一是地内不能有闲杂人员进入，二是发现异常要立即停机检查，三是运料车上不允许站人。

【想一想】

1. 先收玉米模式采用哪些玉米果穗收获机？

2. 大豆先收技术要求大豆收获机的主要参数指标是什么？

3. 同时收获时采用哪种青贮收获机？

第五章　绿色防控：病虫草害综合防治

大豆玉米带状复合种植是稳粮增油的重大技术，是解决粮油争地的重要举措。做好该模式下病虫草害的防治工作，对推进玉米和大豆兼容发展、协调发展非常重要。

第一节　病虫害绿色防控流程

绿色防控是指以确保农业生产、农产品质量和农业生态环境安全为目标，以减少化学农药使用为目的，优先采取生态控制、生物防治、物理防治和科学用药等环境友好型技术措施，控制农作物病虫草害的行为。绿色防控可以减少经济损失（必要的产量和效益）、降低使用有毒农药的安全风险（操作者、消费者、水源）、降低破坏生态环境（保持生态平衡和多样性）等风险，追求经济、社会、生态综合效益的最大化。

坚持预防为主，综合防治，着力推广绿色防控技术，加强农业防治、生物防治、物理防治和化学防治的协调与配套，用低毒、低残留、高效化学农药有效控制病虫害，改善生态环境。

目前，生产上应用最多的绿色防控主推技术（抗、避、断、治）主要有免疫诱抗（抗病、抗逆、促进增产、改善品质）、理化诱控（色诱、光诱、性诱、食诱）、驱避技术（防虫网、银灰膜、植物带）、生物防治（保护利用天敌、生物农药）、生态控制（源头治理）、生态工程（田间生境调控，有利于天敌，不利于病虫）和科学用药（高效、精准、隐蔽、导向）。

一、防治思路

以大豆玉米复合种植模式为主线，以间（套）作期两种作物主要病虫害协调防控为重点，综合应用农业防治、生态调控、理化诱控、生物防治和科学用药等防控措施，实施病虫害全程综合防治，切实提高防治效果，降低病虫为害损失。

二、防治重点

（一）西南间（套）作种植模式区

大豆：炭疽病、根腐病、病毒病、锈病，斜纹夜蛾、蚜虫、豆秆黑潜蝇、豆荚螟、地下害虫、高隆象等。

玉米：纹枯病、大斑病、灰斑病、穗腐病，草地贪夜蛾、玉米螟、黏虫（二代、三代）、地下害虫等。

（二）西北间作模式区

大豆：病毒病、根腐病，蚜虫、大豆食心虫、豆荚螟、地下害虫等。

玉米：大斑病、茎腐病、灰斑病，黏虫（二代、三代）、玉米螟、双斑长蚫萤叶甲、红蜘蛛、地下害虫等。

（三）黄淮间作模式区

大豆：根腐病、拟茎点种腐病、霜霉病，点蜂缘蝽、蚜虫、烟粉虱、斜纹夜蛾、豆秆黑潜蝇、大豆食心虫、豆荚螟、地下害虫等。

玉米：南方锈病、茎腐病、穗腐病、褐斑病、弯孢菌叶斑病、小斑病、粗缩病，草地贪夜蛾、玉米螟、棉铃虫、黏虫（二代、三代）、桃蛀螟、玉米蚜虫、二点委夜蛾、蓟马等。

三、全程综合防控技术

加强调查监测，及时掌握病虫害发生动态，做到早发现、早防治。在病虫害防控关键时期，采用植保无人机、高杆喷雾机等喷施高效低风险农药，提高防控效果，控制病虫发生为害。

（一）播种期

在确定适应的复合种植模式的基础上，选择适合当地的耐密、耐阴抗病虫品种，合理密植，做好种子处理，预防病虫为害。

种子处理以防治大豆根腐病、拟茎点种腐病、玉米茎腐病、丝黑穗等土传种传病害和地下害虫、草地贪夜蛾、蚜虫等苗期害虫为主，选择含有精甲·咯菌腈、丁硫·福美双、噻虫嗪·噻呋酰胺等成分的种衣剂进行种子包衣或拌种。

不同区域应根据当地主要病虫种类选择相应的药剂进行种子处理，必要时可对玉米、大豆包衣种子进行二次拌种，以弥补原种子处理配方的不足。

（二）苗期—玉米抽雄期（大豆分枝期）

重点防治玉米螟、桃蛀螟、蚜虫、烟粉虱、红蜘蛛、叶斑病、大豆锈病、豆秆黑潜蝇、斜纹夜蛾、蜗牛等。

一是采取理化诱控措施，在玉米螟、桃蛀螟、斜纹夜蛾等成虫发生期使用杀虫灯结合性诱剂诱杀害虫。

二是针对棉铃虫、斜纹夜蛾、金龟子（蛴螬成虫）等害虫，自田间出现开始，采用生物防治措施，优先选用苏云金杆菌、球孢白僵菌、甘蓝夜蛾核型多角体病毒、金龟子绿僵菌等生物制剂进行喷施防治。

三是在田间棉铃虫、斜纹夜蛾、桃蛀螟、蚜虫、红蜘蛛等害虫发生密度较大时，于幼虫发生初期，选用四氯虫酰胺、甲氨基阿维菌素苯甲酸盐、乙基多杀菌素、茚虫威等杀虫剂喷雾防治，根据玉米、大豆叶斑类病害、锈病等病害发生情况，选用吡唑醚菌酯、戊唑醇等杀菌剂喷雾防治。

（三）开花—成熟期

此期是大豆保荚、玉米保穗的关键时期。在前期防控的基础上，根据玉米大斑病、小斑病、锈病、褐斑病、钻蛀性害虫，大豆锈病、叶斑病、豆荚螟、大豆食心虫、点蜂缘蝽、斜纹夜蛾等发生情况，针对性选用枯草芽孢杆菌、井冈霉素A、苯醚甲环唑、丙环·嘧菌酯等杀菌剂和氯虫苯甲酰胺、高效氯氟氰菊酯、溴氰菊酯或者含有噻虫嗪成分的杀虫剂喷施，兼治玉米、大豆病虫害。根据玉米生长后期植株高大的情况，宜利用高秆喷雾机或植保无人机进行防治。

四、病虫综合防治注意事项

以虫害防治为主，病虫兼治，加强生态控制，辅以化学药剂调控，全面有效地控制病虫害。

特别是防治害虫时，要抓住低龄幼虫防控最佳时期，以保苗、保产为目标开展统防统治。

病虫害混合发生时，可用杀虫、杀菌剂复配或混合施药，能够兼治兼防多种病虫。

玉米、大豆生长发育后期施药，最好用高杆喷雾机或飞机作业。

采用无人机施药时要注意添加增效剂、沉降剂，保证每亩1.5~2升的药液量。

进行喷雾作业时要喷洒均匀，田间地头、路边杂草都要喷到。

收获后及时进行秸秆粉碎或者打包处理，以减少田间病残体和虫源数量。

【想一想】

1. 什么是病虫害绿色防控？

2. 播种期如何进行种子处理？

3. 无人机施药时有什么注意事项？

第二节　大豆病害防治

大豆田间病害主要有根腐病、炭疽病、胞囊线虫病、病毒病、霜霉病、锈病、白粉病。其中，苗期病害主要有根腐病、立枯病、炭疽病、胞囊线虫病等。

一、大豆主要病害识别

（一）根腐病

1. 为害症状

根腐病是大豆的一种重要土传病害，在国内外大豆产区均有发生，是一种对大豆苗期为害较重的常发性病害，症状表现主要是主根为被害部位。连作时病害发生严重，幼株较成株感病性更强。病害侵染在幼苗至成株均可发病，以苗期、开花期发病多。根腐病在大豆整个生长发育期均可发生并造成为害，减产幅度达 25%～75% 或更多，被害种子的蛋白质含量明显降低。不同的病原菌引起大豆根腐病的症状也不相同。

（1）镰刀菌，为害大豆时，主要为害大豆植株皮层的维管束系统。该菌在代谢过程中产生毒素为害大豆，首先从根尖开始变色，主根下半部出现褐色条斑，病斑多不凹陷，以后逐渐扩大，表皮及皮层变黑坏死，有时根和茎的中下部维管束变为淡褐色，在潮湿条件下，病部表皮出现白色或粉红色霉层，部分病株还产生红色子囊壳，病株发黄变矮，根系不发达，叶片提前脱落，结荚少且小，严重时主根下半部全部烂掉，造成整株死亡，产量和质量明显下降。

（2）大豆疫霉菌，在大豆的任何生育阶段都可发生。该菌能引起种子腐烂、幼苗期茎秆出现油渍状斑点且叶片发黄萎蔫。成株期受侵染后叶片自下而上逐渐变黄并很快萎蔫，植株死亡后叶片仍不脱落，近地面茎部产生黑褐色病斑，并可向上扩展至10~11节，茎的皮层及髓变褐，中空易折断，根腐烂，根系极少；病株结荚数明显减少，空荚、瘪荚较多，籽粒皱缩。绿色豆荚基部被害，最初病斑水渍状，后逐渐变褐并从荚柄向上蔓延至荚尖，最后整个豆荚变枯呈黄褐色，种子失水干瘪。高度耐病的品种在其成株期感染大豆疫霉菌后主根变色，次生根腐烂，植株不死亡，但矮化明显，叶片轻微褪绿，与缺氮或水淹后的症状相似，这些轻微症状称为隐性损害，造成的减产可高达40%。另外，大雨后叶部也可被害，在幼嫩小叶产生边缘为黄色的亮褐色病斑。

2. 发生规律

大豆根腐病系多种病原菌混合感染的根部病害，病原菌种类很多，常见的为镰刀菌类和疫霉菌类。病原菌为土壤习居菌，常潜藏在病残体内，在土壤中可存活多年，以厚垣孢子在土壤中越冬。环境适宜时，产生分生孢子进行侵染为害，也可以在种子中越冬并随种子传播。病害在田间从发病中心向四周传播的速度较慢。

大豆根腐病病原菌以伤口侵染为主，有破损或伤口的植株的侧根和茎基部很容易被其侵染，但不易通过自然孔口直接侵染植株。影响该病害发生发展的因素很多。土壤温度的影响较土壤湿度大，在适宜的温度条件下，土壤湿度越大，病害越重。风雨能将枯死株的残碎组织或茎基部产生的分生孢子传播到无病田，灌溉及大雨造成的流水，以及人、畜、农机具等农事活动也能传播病害。此外，播种过早、过深、重茬、迎茬、地下害虫发生严重、土壤黏重、贫瘠的地块、使用带菌肥料，氮肥施用过多，磷、钾不足的田块，管理粗放，反季节栽培等，亦容易发病。大豆根腐病病原菌在土壤中存活期极长，大豆连作年限越长，发病越重。连阴雨或大雨后骤然放晴，气温迅速升高；或时晴时雨、高温闷热天气，利于根腐病发生。

(二) 立枯病

1. 为害症状

大豆立枯病又称黑根病，是大豆的一种苗期重要病害，全国各地均有分布。主要侵染大豆茎基部或地下部，也侵害种子。病害严重年份，轻病田死株率在 5% ~ 10%，重病田死株率达 30% 以上。发病初病斑多为椭圆形或不规则形状，呈暗褐色，发病幼苗在早期呈现白天萎蔫、夜间恢复的状态，并且病部逐渐凹陷、溢缩，甚至逐渐变为黑褐色，当病斑扩大绕茎一周时，整个植株会干枯死亡，但仍不倒伏。发病比较轻的植株仅出现褐色的凹陷病斑而不枯死。当苗床的湿度比较大时，病部可见不甚明显的淡褐色蛛丝状霉。

2. 发生规律

大豆立枯病病原菌为立枯丝核菌，属半知菌亚门丝核菌属。该菌是一种不产生分生孢子，以菌丝体或菌核形态存在于自然界的土壤习居菌，能在土壤中存活 2 ~ 3 年。病原菌以菌核在土壤中越冬，也能以菌丝体和菌核在病残体上或在种子上越冬，并可在土壤中长期营腐生生活，成为翌年的初侵染源，遇到适当的寄主时，病菌以菌丝体直接侵入，在病部产生菌丝体和菌核。种子上附着的菌丝体是最主要的初侵染来源，病残体上的菌丝体侵染的机会较少，病苗则是再侵染源。在适宜的环境条件下，从根部细胞或伤口侵入，进行侵染为害。出苗后 4~8 天的幼苗，最易被丝核菌侵染。病原在 6~36℃ 的条件下均可生长，病菌生长的适宜温度为 17~28℃，最适宜发育温度 20~24℃。当土壤温度较低以及湿度较高时，该菌易引起大豆种子和幼苗发病；高于 30℃ 或低于 12℃ 时，病菌生长受到抑制，植株不发病。

病菌通过雨水、流水、带菌的堆肥及农具等传播。土壤湿度偏高，土质黏重以及排水不良的低洼地，以及重茬发病重。遇到足够的水分和较高的湿度时，菌核萌发出菌丝通过雨水、灌溉水、土壤中水的流动传播蔓延。光照不足，光合作用差，植株抗病能力弱，也易发病。7—8 月，因多雨、高湿，发病重。东北、华北地区发病，较南方长江流域严重。

苗期播种过早、过密，间苗不及时，温度低，或湿度过大，都容易发生此病，且以露地发生较重。刚出土的幼苗及大苗均能受害，一般多在育苗中后期发生。苗床育苗床温较高或育苗后期易发生。

（三）炭疽病

1. 为害症状

炭疽病是大豆的一种常见病害，各生长期均能发病。幼苗发病，子叶上出现黑褐色病斑，边缘略浅，病斑扩展后常出现开裂或凹陷，气候潮湿时，子叶变水浸状，很快萎蔫、脱落。病斑可从子叶扩展到幼茎上，致病部以上枯死。幼茎上生锈色小斑点，后扩大成短条锈斑，常使幼苗折倒枯死。

成株发病，叶片染病初期，呈红褐色小点，后变黑褐色或黑色，圆形或椭圆形，中间暗绿色或浅褐色，边缘深褐色，后期病斑上生粗糙刺毛状黑点，即病菌的分生孢子盘。叶柄和茎染病后，病斑椭圆形或不规则形，灰褐色，常包围茎部，上密生黑色小点（分生孢子盘）。豆荚染病初期，初生水浸状黄褐色小点，扩大后呈褐色至黑褐色圆形或椭圆形斑，周缘稍隆起，四周常具红褐色或紫色晕环，中间凹陷。湿度大时，病部长出粉红色黏质物（区别于褐斑病和褐纹病），内含大量分生孢子。种子染病，出现黄褐色大小不等的凹陷斑。

2. 发生规律

大豆炭疽病的病原菌为刺盘孢菌类，属半知菌亚门真菌。病原菌主要以潜伏在种子内和附着在种子上的菌丝体越冬。播种带菌种子，幼苗染病，在子叶或幼茎上产出分生孢子，借雨水、气流、接触传播。该菌也可以菌丝体在病残体内越冬，翌春产生分生孢子，通过雨水飞溅进行侵染，进行初侵染和再侵染，分生孢子萌发后产生芽管，从伤口或直接侵入，经 4~7 天潜育出现症状，并进行再侵染。生产上苗期低温或土壤过分干燥，大豆发芽出土时间延迟，容易造成幼苗发病，成株期温暖潮湿条件利于该菌传播侵染。植株在整个生长期都能感病，特别是在大豆开花期到豆荚形成期。发病适温 25℃，病菌在 12℃ 以下或 35℃ 以上不能发育。

（四）胞囊线虫病

1. 为害症状

大豆胞囊线虫病又叫大豆根线虫病，俗称"火龙秧子"，其症状表现为苗期感病，子叶及真叶变黄，发育迟缓，植株逐渐萎缩枯死；成株感病，植株明显矮化，叶片由下向上变黄，花期延迟，花器丛生，花及嫩荚萎缩，结荚少而小，甚至不结荚，病株根系不发达，支根减少，细根增多，根瘤稀少，被害根部表皮龟裂，极易遭受其他真菌或细菌侵害而引起瘤烂，使植株提早枯死。发病初期病株根上附有白色或黄褐色如小米粒大小颗粒，此即胞囊线虫的雌性成虫。其为害主要表现在争夺植株的营养、破坏根系对营养和水分的吸收、阻滞根系的发育、降低大豆固氮菌的数量及二龄幼虫的侵入根系和成熟雌虫的膨大而撑破根表皮，增加表皮的开放度，为其他土居病原物提供侵染点，使大豆对根部病害的敏感度增加。

2. 发生规律

大豆胞囊线虫病的病原是大豆胞囊线虫，属线虫门侧尾腺口纲异皮线虫科，是一种土传的定居性内寄生线虫，其特点是分布广、为害重、寄主范围宽、传播途径多、存活时间久等。雌虫主要以胞囊（内藏卵及 1 龄幼虫）在土壤或寄主根茬内越冬。翌年春季气温回升后，胞囊内的越冬卵便在卵壳内孵化为 1 龄幼虫，蜕皮后变为 2 龄幼虫。2 龄幼虫呈蠕虫状，体细长透明，头部较宽，尾部较长，突破卵壳进入土中寻找寄主，用口针刺破幼根表皮侵入，在寄主根部皮层营寄生生活，成为该病直接侵染源。幼虫在寄主根部经过三四龄幼虫期而发育成成虫。3 龄幼虫呈豆荚形，雌雄虫外形无明显差异；4龄幼虫雌雄明显可辨，雌虫呈烧瓶状，白色，雄虫恢复蠕态线形，尾部有爪状交合刺。雌成虫呈黄白色，柠檬状，后期变为深褐色，雄成虫线形透明，头尾部较钝圆，尾部微向腹面弯曲，尾末有一对交合刺弯向腹面。雌成虫身体膨大，突破豆根皮层而显露出来，仅用口针吸着在寄主上，此即为根上所见的小米粒大小的白色颗粒物。雌成虫体露在大豆根外，与根外雄虫交尾。老熟雌虫体壁加厚成为胞囊，产卵于胞囊内，成熟的胞囊为柠檬形或梨形，浅褐色至深褐色，颈部和尾部有明显突出。卵呈长椭圆形、淡黄白色，大部分藏于胞囊内，少部分藏于卵囊内。

大豆胞囊线虫病为土传病害，总的趋势是土质肥沃、微酸性土壤发病轻，减产幅度小，反之则重。有机肥配合氮、磷、钾肥及微量元素硼、锌深施，可明显减轻胞囊线虫为害。而干旱有利于大豆胞囊线虫病的发生，大豆花荚期，如干旱较严重，则能加重该病的发生。

（五）病毒病

1. 为害症状

大豆病毒病又称大豆花叶病毒病，是大豆的主要病害之一，为害大、难防治。一般年份减产15%左右，重发年份减产达90%以上，严重影响大豆的产量与品质。大豆整个生育期都能发病，叶片、花器、豆荚均可受害。轻病株叶片外形基本正常，仅叶脉颜色较深，重病株叶片皱缩，向下卷曲，出现浓绿、淡绿相间，呈波状，植株生长明显矮化，结荚数减少，荚细小，豆荚呈扁平、弯曲等畸形症状。发病大豆成熟后，豆粒明显减小，并可引起豆粒出现

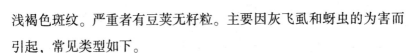

浅褐色斑纹。严重者有豆荚无籽粒。主要因灰飞虱和蚜虫的为害而引起，常见类型如下。

（1）皱缩矮化型。病株矮化，节间缩短，叶片皱缩变脆，生长缓慢，根系发育不良。生长势弱，结荚少，也多有荚无粒。

（2）皱缩花叶型。叶片小，皱缩、歪扭，叶脉有泡状突起，叶色黄绿相间，病叶向下弯曲。严重者呈柳叶状。

（3）轻花叶型。植株生长正常，叶片平展，心叶常见淡黄色斑驳。叶片不皱缩，叶脉无坏死。

（4）顶枯型。病株茎顶及侧枝顶芽呈红褐色或褐色，病株明显矮化，叶片皱缩，质地硬化，脆而易折，顶芽或侧枝顶芽最后变黑枯死，也称芽枯型。其开花期花芽萎蔫不结荚，结荚期表现豆荚上有圆形或无规则褐色斑块，豆荚多变为畸形。

（5）黄斑型。黄斑型病毒病多发生于结荚期，与花叶型混生。病株上的叶片产生浅黄色斑块，多为不规则形状。后期叶脉变褐，叶片不皱缩，上部叶片呈皱缩花叶状。

（6）褐斑型。该病主要表现在籽粒上。病粒种皮上出现褐色斑驳，从种脐部向外呈放射状或带状，其斑驳面积和颜色各不相同。

2. 发生规律

在自然条件下可侵染大豆的病毒有70多种，其中，大豆花叶病毒、烟草条斑病毒、烟草环斑病毒、大豆矮缩病毒等的为害最为严重。病毒主要吸附在豆类作物种子上越冬，也可在越冬豆科作物上或随病株残余组织遗留在田间越冬。播种带毒种子，出苗后即可发病，生长期主要通过蚜虫、飞虱传毒，植株间汁液接触及农事操作也可传播。在大豆花前期被侵染，花萼、花瓣、雌雄蕊、未成熟荚及未成熟种子均能带毒。病株成熟种子不是每荚每粒种子均带毒。种子带毒部位有种皮、胚乳、胚芽。干燥贮藏至播种时，大多种皮中病毒失活，实生病苗主要是胚芽带毒的种子。发病初期蚜虫1次传播范围在2米以内，5米以外很少，蚜虫进入发生高峰期后，传毒距离增加。生产上使用了带毒率高的豆种，且介体蚜虫发生早、数量大，植株被侵染早，品种抗病性不高，播种晚时，该病易流行。遇持续高温干旱天气，或有蚜虫、飞虱发生，易使病害发生与流行。栽培管理粗放，田间地头杂草多，人为传毒、多年连作、地势低洼、缺肥缺水、氮肥施用过多的田块发病重；不同品种，对病毒病的抗性有明显差异。

大豆花叶型病毒病和黄叶型病毒病通过药剂防治能达到较好的效果，而矮化皱缩型病毒病药剂防治基本无效。

（六）霜霉病

1. 为害症状

大豆霜霉病从大豆的苗期到结荚期均可发生，其中以大豆生长盛期为主要发病时期，能够为害大豆叶片、茎、豆荚及种子。种子带菌会造成系统性侵染，病苗子叶无症，幼苗的第一对真叶从叶片的基部沿叶脉开始出现褪绿斑块，沿主脉及支脉蔓延，直至全叶褪绿，复叶症状与之相同。当外界湿度较大时，感病豆株的叶片背面具有褪绿斑块处会密布大量灰白色霉层。幼苗发病，植株孱弱矮小，叶片萎缩，一般在大豆封垄后就会死亡。健康植株受病原菌侵染是通过病苗上的孢子囊，在叶片表面先形成散生、边缘界限不明

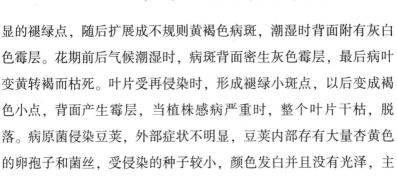

显的褪绿点，随后扩展成不规则黄褐色病斑，潮湿时背面附有灰白色霉层。花期前后气候潮湿时，病斑背面密生灰色霉层，最后病叶变黄转褐而枯死。叶片受再侵染时，形成褪绿小斑点，以后变成褐色小点，背面产生霉层，当植株感病严重时，整个叶片干枯，脱落。病原菌侵染豆荚，外部症状不明显，豆荚内部存有大量杏黄色的卵孢子和菌丝，受侵染的种子较小，颜色发白并且没有光泽，主要可造成大豆叶片早落，百粒重及种子油脂含量降低，严重影响大豆产量和品质，在严重发病地块减产能达到50%。

2. 发生规律

大豆霜霉病的病原菌为东北霜霉菌，属于鞭毛菌亚门斜尖状孢子菌属。该病在世界大豆产区均有发生，包括巴西、美国、印度及中国等。在我国，大豆霜霉病主要集中于东北三省，山东、河南、新疆等地也均有不同程度的发生。大豆霜霉病属于系统性侵染，大豆种子带菌或田间的病残体是重要的传染源。病菌以卵孢子在病残体上或种子上越冬，种子上附着的卵孢子是最主要的初侵染源，病残体上的卵孢子侵染较弱。卵孢子可随大豆萌芽而萌发，形成孢子囊和游动孢子，侵入寄主胚轴，进入生长点，蔓延全株成为系统侵染的病苗。发病后从病斑上形成大量分生孢子，随气流或雨水传播，进行重复侵染，尤其是湿度大时，会在大豆田迅速蔓延传播。湿度是决定大豆霜霉病发生轻重的重要条件。大豆开花结荚时期，生长旺盛，叶片互相遮蔽，田间湿度大，湿度在20%~25%时，有利于大豆霜霉病的发生。此外，大豆霜霉病品种间发病也有差异，易感病品种比高抗品种重；播种时间早的比播种时间晚的发病重；

种植密度大的比种植密度小的发病重；靠近水源地、涝洼地比平地、岗地发病重；带菌率高的种子长出的苗为成株期发病提供大量菌源，发病严重；大豆田连作，田间越冬菌源量大，发病重。

（七）锈病

1. 为害症状

大豆锈病主要为害叶片、叶柄和茎，叶片两面均可发病，一般情况下，叶片背面病斑多于叶片正面，初生黄褐色斑，病斑扩展后叶背面稍隆起，即病菌夏孢子堆，表皮破裂后散出棕褐色粉末，即夏孢子，致叶片早枯。生育后期，在夏孢子堆四周形成黑褐色多角形稍隆起的冬孢子堆。叶柄和茎染病产生症状与叶片相似。

侵染叶片，主要侵染叶背，叶面也能侵染。最初叶片出现灰褐色小点，到夏孢子堆成熟时，病斑隆起于叶表皮层，呈红褐色到紫褐色或黑褐色病斑。病斑大小在 1 毫米左右，由 1 至数个孢子堆组成。孢子堆成熟时散出粉状深棕色夏孢子，干燥时呈红褐色或黄褐色。冬孢子堆的病菌在叶片上呈不规则黑褐色病斑，由于冬孢子聚生，一般病斑大于 1 毫米。冬孢子多在发病后期、气温下降时产生，在叶上与夏孢子堆同时存在。冬孢子堆表皮不破裂，不产生孢子粉。在温度、湿度适于发病时，夏孢子多次再侵染，形成病斑密集，周围坏死组织增大，能看到被叶脉限制的坏死病斑。坏死病斑多时，病叶变黄，造成病理性落叶。

病菌侵染叶柄或茎秆时，形成椭圆形或菱形病斑，病斑颜色先为褐色，后变为红褐色，形成夏孢子堆后，病斑隆起，每个病斑的孢子堆数比叶片上病斑的孢子堆多，且病斑大些，多数都在 1 毫米上。当病斑增多时，也能看到聚集在一起的大坏死斑，表皮破裂散出大量深棕色或黄褐色的夏孢子。

大豆花期后发病严重，植株一般先从下部叶片开始发病，后逐渐向上部蔓延，叶片迅速枯黄，提早落叶。可造成豆荚瘪粒，荚数减少，每荚粒数也减少，百粒重减轻，如早期发病几乎不能结荚，造成严重减产。

2. 发生规律

大豆锈病的病原菌为豆薯层锈菌，属担子菌亚门真菌层锈菌属。该病是热带和亚热带大豆生产的主要病害。大豆锈病菌是气传、专性寄生真菌，整个生育期内均能被侵染，开花期到鼓粒期更容易感染。病菌的夏孢子为病原传播的主要病原形态，病原菌夏孢子通过气流进行远距离传播感染寄主植物，感病的叶片、叶柄可短距离传播。病原菌夏孢子在水中才能萌发，适宜萌发温度 15～26℃。24℃萌发率高，在 15℃以下，27℃以上，不利于病菌的萌发与入侵。湿度是本病发生流行的决定因素，温暖多雨的天气有利于发病。大风有利于病菌的传播。此外，种植密度过大、通风透光不好，发病就重；地下害虫、线虫多也易发病；土壤黏重、偏酸；多年重茬，田间病残体多；氮肥施用太多，生长过嫩，肥力不足、耕作粗放、杂草丛生的田块，植株抗病性下降，发病也重；肥料未充分腐熟、有机肥带菌或用易感病的种子；地势低洼积水、排水不良、土壤潮湿易发病，高温、多雨、多雾、结露易发病。

（八）白粉病

1. 为害症状

大豆白粉病主要为害叶片。该病在世界各地广泛存在，我国的河北、贵州、安徽、广东等地也有发生。病菌生于叶片两面，发病先从下部叶片开始，后向上部蔓延，初期在叶片正面覆盖有白色粉末状的小病斑，病斑圆形，具暗绿色晕圈，后期不断扩大，逐渐由白色转为灰褐色，长满白粉状菌丛，即病菌的分生孢子梗和分生孢子，后期在白色霉层上长出球形，黑褐色闭囊壳。最后叶片组织变黄，严重阻碍植株的正常生长发育。白粉菌侵染寄主后，病株光合效能减低，进而影响大豆的品质和产量，感病品种的产量损失可达35%左右。

2. 发生规律

大豆白粉病的病原菌为蓼白粉菌，属子囊菌亚门白粉菌属。病菌以闭囊壳里子囊孢子在病株残体上越冬，成为翌年的初侵染源。越冬后的闭囊壳春季萌发，产生子囊孢子先侵染下部叶片，所以中下部叶片比上部叶片发病重。该病易于在凉爽、湿度较大的环境出现，传播速度快，繁殖率高，可大范围发作，在降水少的季节和降水少生产地区比较常见。氮肥过多、发病重。低温干旱的生长季节发病会比较普遍。因为是一个气传病害，孢子量大，条件合适时传播很快。

二、大豆主要病害防治

（一）根腐病

1. 农业防治

（1）选育抗（耐）病品种。根腐病菌从大豆种子发芽期到生长中后期都能侵染大豆，所以选育优良的抗（耐）病品种是防治大豆根腐病十分有效和可靠的方法。

（2）合理耕作。实行与禾本科作物3年以上轮作，严禁大豆重迎茬。推广垄作栽培，有利于增温、降湿，减轻病害。及时进行中耕培土，促进根系的生长发育，培育壮苗，增强其抗病力。

（3）适时晚播。根据土壤温度回升情况确定播期，地温回升慢时要避免早播，当地温稳定通过8℃以上时可开始播种。在保证墒情的前提下，播深不要超过5厘米，一般以3~4厘米为宜。

（4）及时排水，降低土壤湿度。整地时及时进行耕翻、平整细耙，改善土壤通气状态，减少田间积水。

（5）合理施肥。增施有机肥；施用适量的磷、钾及微肥，提高大豆植株根部的抗病和耐病能力；使用多元复合液肥实施叶面追施，用以弥补根部病害吸收肥、水的不足。

2. 生物防治

生防菌可有效、持久地防治大豆根腐病，至今已发现的大豆根腐病生防菌主要为真菌、细菌和放线菌链霉菌及其他变种三大类。大豆根腐病生防真菌主要有木霉菌、酵母菌、青霉菌、毛壳菌等。

3. 化学防治

（1）拌种或包衣。使用多·福·克、精甲·咯菌晴等包衣；也可用含有多菌灵、福美双和杀虫剂的种衣剂拌种。

（2）喷施和灌根。发病初期使用 70% 甲基硫菌灵或 70% 代森锌可湿性粉剂 500 倍液，或与生根壮苗叶面肥一起喷施，有一定效果。

（二）立枯病

大豆立枯病的防治以农业防治和药剂防治为主，使用无病种子和较抗（耐）病品种。在加强栽培管理，提高植株抗性的基础上，采用生长期喷药保护为重点的综合防治方法。

1. 农业防治

（1）选用抗病品种，选用无病种源，减少初侵染源。

（2）栽培措施。与禾本科作物实行 3 年轮作减少土壤带菌量，减轻发病；秋季应深翻 25~30 厘米，将表土病菌和病残体翻入土壤深层腐烂分解可减少表土病菌，同时疏松土层，利于出苗；适时灌溉，雨后及时排水，防止地表湿度过大，浇水要根据土壤湿度和气温确定，严防湿度过高，时间宜在上午进行；低洼地采用垄作或高畦深沟种植，适时播种，合理密植；提倡施用酵素菌沤制的堆肥和充分腐熟的有机肥，增施磷钾肥，同时喷施新高脂膜，避免偏施氮肥；施用石灰调节土壤酸碱度，使种植大豆田块酸碱度呈微碱性。

2. 化学防治

（1）种子处理。精选良种，并用种子重量的 0.3% 多菌灵+福美双（1∶1）拌种减少种子带菌率。

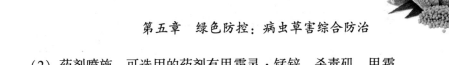

（2）药剂喷施。可选用的药剂有甲霜灵·锰锌、杀毒矾、甲霜胺·锰锌、安克锰锌、霜霉威等。

（三）炭疽病

1. 农业防治

选用抗病品种或无病种子，保证种子不带病菌。播前精选种子，淘汰病粒。合理密植，避免施氮肥过多，提高植株抗病力。加强田间管理，及时深耕及中耕培土。雨后及时排出积水，防止湿气滞留。收获后及时清除田间病株残体或实行土地深翻，减少菌源。提倡实行3年以上轮作。

2. 化学防治

（1）种子处理。播前用50%多菌灵可湿性粉剂或50%异菌脲可湿性粉剂，按种子重量的0.4%用量拌种，拌后闷3~4小时。也可用种子重量的0.3%拌种双可湿性粉剂拌种。

（2）及时施药。在大豆开花期及时喷洒药剂保护种荚不受害，可选用50%甲基硫菌灵可湿性粉剂600倍液，或50%多菌灵可湿性粉剂600倍液、75%代森锰锌水分散粒剂500倍液、25%溴菌腈可湿性粉剂500倍液、47%春雷氧氯铜可湿性粉剂600倍液等喷雾防治。

（四）胞囊线虫病

1. 农业防治

（1）选育和使用抗胞囊线虫大豆品种。目前我国已培育出大量抗病高产的抗大豆胞囊线虫品种。注意抗病品种轮换使用，延长抗大豆胞囊线虫病大豆品种使用年限；也可选用抗病、感病品种轮换种植，以控制新的生理小种产出。

（2）与非寄主植物轮作。大豆胞囊线虫病严重的地块应与非寄主植物轮作5年以上。

（3）加强栽培管理。增施底肥和种肥，促进大豆健壮生长，增强植株抗病力；苗期叶面喷施硼钼微肥，对增强植株抗病性也有明显效果。

（4）合理灌溉。土壤干旱有利于大豆胞囊线虫为害，适时灌水，增加土壤湿度，可减轻为害。在大豆苗期及时喷灌，提高土壤湿度，抑制线虫孵化侵入。

2. 生物防治

可以使用4 000IU/毫克苏云金杆菌悬浮种衣剂，或生物种衣剂SN101按1∶70（药种比）进行包衣。

3. 药剂防治

（1）用35%多·福·克悬浮种衣剂，或者用20.5%多·福·甲维盐悬浮种衣剂进行包衣，药种比为1∶700兼治根腐病。

（2）可用5%丁硫·毒死蜱颗粒剂按5千克/亩、10%噻唑膦颗粒剂按2千克/亩，拌土撒施，施在播种沟里，可防治线虫，兼治地下害虫等。

（五）病毒病

1. 农业防治

（1）选用抗病品种，如'中黄13''中黄20''齐黄34'等品种。选用无病毒种粒。

（2）适期播种是防治的关键。播种过早的田块发病较重。

（3）加强肥水管理，培育健壮植株，增强抗病能力。

（4）合理轮作。尽量避免重茬，采取玉米和大豆轮作，可减轻病害。

2. 物理防治

定苗时及时发现和拔除病株。

3. 药剂防治

（1）防病先治虫。及时防治蚜虫和飞虱，减少传毒介体，切断传播途径，防止和减少病毒的侵染。药剂可选用吡虫啉、啶虫脒、噻虫嗪等杀虫剂进行喷雾防治。

（2）选择适宜药剂。可用 20%盐酸吗啉胍可湿性粉剂 500 倍液，或 20%吗胍・乙酸铜可湿性粉剂（盐酸吗啉胍 10%＋乙酸铜 10%）200 倍液，或 0.5%香菇多糖水剂 300 倍液，在发病初期进行喷雾防治，7~10 天喷洒 1 次，连续喷洒 2~3 次。

（六）霜霉病

1. 农业防治

（1）选用高抗霜霉病的大豆品种。

（2）调整种植方式。大豆与玉米间作种植方式能够显著降低大豆霜霉病的发病率和病情指数，分别较大豆单作模式降低 31.2%和 47.5%。

（3）加强田间的栽培管理。提倡实行至少 2 年以上轮作，并且秋收后及时进行秋翻地，减少初侵染源。根据不同品种合理密植，做到肥地宜稀，薄地宜密，并及时中耕除草，使田间通风透光，及时排除豆田积水，降低田间湿度，创造不利于大豆霜霉病的发病条件。

2. 药剂防治

（1）拌种或包衣。可使用不同含量多·福·克大豆悬浮种衣剂包衣，或使用35%甲霜灵可湿性粉剂拌种。

（2）发病初期开始喷药。可选用50%多菌灵可湿性粉剂1 000倍液，或65%代森锌可湿性粉剂500倍液，或72%锰锌·霜脲可湿性粉剂800倍液，或58%甲霜灵·锰锌可湿性粉剂600倍液，或69%烯酰·锰锌可湿性粉剂900倍液，进行喷雾防治。

（七）锈病

1. 农业防治

（1）选用抗病品种。

（2）清除田间及四周杂草，深翻地灭茬、晒土，促使病残体分解，减少病源。

（3）出苗后进行中耕除草，一方面增加土壤透气性，使植株生长健壮；另一方面使田间通风透光，降低田间湿度。

（4）和非本科作物轮作，水旱轮作最好。

（5）选用排灌方便的田块。开好排水沟，降低地下水位，达到雨停无积水；大雨过后及时清理沟系，防止湿气滞留，降低田间湿度，这是防病的重要措施。

（6）合理施肥。施用酵素菌沤制的堆肥或腐熟的有机肥，不用带菌肥料，施用的有机肥不得含有豆科作物病残体。适当增施磷钾肥，加强田间管理，培育壮苗，达到"冬壮、早发、早熟"，增强植株抗病力，有利于减轻病害。

2. 药剂防治

在花期或花前期喷施化学药剂可以有效地控制锈病的发展。可用 15% 三唑酮 1 500 倍液、70% 甲基硫菌灵粉剂 800 倍液、25% 嘧菌酯悬浮剂 800 倍液进行喷雾防治，隔 7 天喷 1 次，连续喷洒 2~3 次。此外，百菌清、戊唑醇、嘧啶核苷类抗生素、萎锈灵和代森锌等，均为控制锈病的良好药剂，都具有显著的防治效果。

（八）白粉病

1. 农业防治

选用抗病品种。收获后及时清除病残体，集中深埋或烧毁。加强田间管理，培育壮苗。合理施肥浇水，增施磷钾肥，控制氮肥。

2. 药剂防治

当病叶率达到 10% 时，可用 2% 嘧啶核苷类抗生素水剂 300 倍液、75% 百菌清可湿性粉剂 500 倍液、50% 多菌灵 800 倍液、15% 三唑酮乳油 800~1 000 倍液进行喷雾防治，每隔 7~10 天喷 1 次，兑水 60~80 千克进行喷雾防治，连续防治 2~3 次。

【想一想】

1. 大豆的根腐病有什么发生规律？防治方法是什么？

2. 大豆胞囊线虫病有何发生规律？防治方法是什么？

第三节　玉米病害防治

玉米主要病害有大小斑病、褐斑病、弯孢霉叶斑病、灰斑病、粗缩病、茎基腐病等。

一、玉米主要病害识别

（一）大斑病

1. 为害症状

玉米大斑病又名玉米条斑病、玉米煤纹病、玉米斑病、玉米枯叶病，主要为害玉米叶片，具有很广的分布范围，严重损害了玉米产量和品质。在发病过程中主要侵害叶片，严重时叶鞘和苞叶也可受害，一般先从植株底部叶片开始发生，逐渐向上蔓延，但也常有从植株中上部叶片开始发病的情况。发病初期在玉米叶片上形成橄榄灰色水滴状的微小病斑，然后沿叶脉向两端扩展，斑点也会越来越大，叶片上形成大型梭状纺锤形的病斑，一般长 5~10 厘米，宽 1 厘米左右。当病情严峻时，多个病斑重叠在一起，单个病斑长度超过 15 厘米，总长度会超过 60 厘米。病斑青灰色至黄褐色，但病斑的大小、形状、颜色因品种抗病性不同而异。在感病品种上，病斑大而多，斑面出现明显的黑色霉层病征，严重时病斑相互连合成更大斑块，使叶片枯死。在抗病品种上，病斑小而少，或产生褪绿病斑，外具黄色晕圈，其扩展受到一定限制。

在雨季及潮湿的天气下玉米大斑病也会出现灰黑色的霉层，严重时病斑融合，造成整个叶片枯死。玉米大斑病横行的年份，大面积玉米叶片枯萎，使玉米的生长发育受到严重影响。玉米果实秃尖，灌浆差，籽粒干瘪，千粒重下降，使其品质和产量下降。严重时玉米的产量会减少50%以上。在20世纪初，玉米大斑病在美国大面积暴发，造成玉米每公顷减产4吨以上。

2. 发生规律

玉米大斑病的病原菌为大斑突脐蠕孢菌，属半知菌亚门突脐蠕孢菌属。病原菌可以利用残留的分生孢子或菌丝在寄主上休眠越冬。它的侵染能力非常强，玉米种子或堆肥中的病原菌也能越冬，在翌年侵染玉米。在越冬期间，病原菌会产生原生质体浓缩、孢子壁增厚等现象。有多个分生孢子，每个分生孢子又可以形成多个厚壁孢子。这种厚壁孢子有很强的生存能力。在玉米的生长期内，越冬的菌源产生孢子，随着气流、雨水传播到玉米叶片上，在合适的温度和湿度条件下就容易诱发玉米大斑病，玉米叶片一旦感染大斑病，病菌就会快速地扩散，会导致玉米叶出现局部萎蔫，会大大影响玉米的生长和发育。玉米大斑病没有特定的发病期，通常在玉米苗期不会发病，随着玉米的生长发育病情逐渐加重，在玉米的生长期内很容易扩散。温度20~25℃、相对湿度90%以上利于病害发展。气温高于25℃或低于15℃，相对湿度小于60%，持续几天，病害的发展就受到抑制。在春玉米区，从拔节到出穗期间，气温适宜，又遇连续阴雨天，病害发展迅速，易大流行。玉米孕穗、出穗期间氮肥不足发病较重。低洼地、密度过大、连作地易发病。

（二）小斑病

1. 为害症状

玉米小斑病又称玉米斑点病，为我国玉米产区重要病害之一，在黄河流域和长江流域的温暖潮湿地区发生普遍而严重。玉米整个生育期均可发病，但以抽雄、灌浆期发生较多。主要为害叶片，有时也可为害叶鞘、苞叶和果穗。常和大斑病同时出现或混合侵染。苗期染病，初在叶片上出现半透明水渍状褐色小斑点，后扩大为（5~16）毫米×（2~4）毫米大小的椭圆形褐色病斑，边缘赤褐色，轮廓清楚，上有二三层同心轮纹，病斑进一步发展时，内部略褪色，后渐变为暗褐色，多时融合在一起，叶片迅速死亡。在感病品种上，病斑为椭圆形或纺锤形，较大，不受叶脉限制，灰色至黄褐色，病斑边缘褐色或边缘不明显，后期略有轮纹。在抗病品种上，出现黄褐色坏死小斑点，有黄色晕圈，表面霉层很少。在一般品种上，多在叶脉间产生椭圆形或近长方形斑，黄褐色，边缘有紫色或红色晕纹圈；多数病斑连片，病叶变黄枯死。叶鞘和苞叶染病病斑较大，纺锤形，黄褐色，边缘紫色不明显，病部长有灰黑色霉层，即病原菌分生孢子梗和分生孢子。果穗染病病部生不规则的灰黑色霉区，严重的果穗腐烂，种子发黑霉变。在田间，最初在植株下部叶片发病，向周围植株传播扩散（水平扩展），病株率达一定数量后，向植株上部叶片扩展（垂直扩展）。天气潮湿时，病斑上生出暗黑色霉状物（分生孢子盘）。叶片被害后，使叶绿组织受损，影响光合机能，导致减产。自然条件下，还侵染高粱。在夏玉米产区发生严重，一般造成减产15%~20%，减产严重的达50%以上，甚至无收。

2. 发生规律

玉米小斑病的病原菌为玉蜀黍平脐蠕孢菌，属半知菌亚门类平脐蠕孢属。主要以休眠菌丝体和分生孢子在病残体上越冬，成为翌年发病初侵染源。带菌种子也可导致幼苗发病。引种带病种子，有可能引入致病力强的小种而造成损失。越冬病原菌产生大量分生孢子，分生孢子借风雨、气流传播到玉米植株上，如遇田间湿度较大或重雾，叶面上结有游离水滴存在时，分生孢子 4~8 小时即萌发产生芽管侵入到叶表皮细胞里，3~4 天即可形成病斑。经 5~7 天即可重新产生新的分生孢子，借气流传播，进行再侵染，这样经过多次反复再侵染造成病害流行。玉米收获后，病原菌又随病株残体进入越冬阶段。发病适宜温度 26~29℃，产生孢子最适温度 23~25℃。遇充足水分或高温条件，病情迅速扩展。玉米孕穗、抽穗期降水多、湿度高，容易造成小斑病的流行。低洼地、过于密植荫蔽地，连作田发病较重。一般抗病力弱的品种，生长期中露日多、露期长、露温高、田间闷热潮湿以及地势低洼、施肥不足等情况下，发病较重。

(三) 褐斑病

1. 为害症状

玉米褐斑病是近年来在我国发生严重且较快的一种玉米病害，该病害在全国各玉米产区均有发生，其中在河北、山东、河南、安徽、江苏等省为害较重。该病主要发生在玉米叶片、叶鞘及茎秆，先在顶部叶片的尖端发生，以叶和叶鞘交接处病斑最多，常密集成行，最初为黄褐色或红褐色小斑点，病斑为圆形或椭圆形到线形，隆起附近的叶组织常呈红色，小病斑常汇集在一起，严重时叶片上出现几段甚至全部布满病斑，在叶鞘上和叶脉上出现较大的褐色斑点，发病后期病斑表皮破裂，叶细胞组织呈坏死状，散出褐色粉末（病原菌的孢子囊），病叶局部散裂，叶脉和维管束残存如丝状。茎上病斑多发生于节的附近。严重影响叶片的光合作用，而这时玉米正值抽穗期和乳熟期，易造成玉米的减产。

玉米褐斑病的田间表现主要有两个特征：一是发病部位的多样性，可以由植株下部叶片开始发病，逐渐向上扩展，也可以由植株中部叶片开始发病，多数情况下是由下部叶开始发病。二是病斑分布具有区分于其他玉米病害的典型特征，即玉米褐斑病的病斑在叶片呈条段式分布。

2. 发生规律

玉米褐斑病的病原菌为玉蜀黍节壶菌，属鞭毛菌亚门节壶菌属，是玉米上的一种专性寄生菌，寄生在薄壁细胞内。病菌以休眠孢子（囊）在土地或病残体中越冬，休眠孢子囊壁厚，近圆形至卵圆形或球形，黄褐色，略扁平，有囊盖。翌年病菌靠气流、雨水传播到玉米植株上，遇到合适条件萌发产生大量的游动孢子，游动孢子在叶片表面上水滴中游动，并形成侵染丝，侵害玉米的幼嫩组织。

7—8月会出现高温高湿的气候条件，这种条件有利于玉米褐斑病休眠孢子囊的萌发，造成玉米褐斑病的大发生。另外，土壤肥力也是决定该病害发生程度的重要因素，调查显示，土壤贫瘠地块病害发生程度远大于肥力较好的地块；低洼地、连作地发病重。玉米 5~8 片叶期，土壤肥力不够，玉米叶色变黄，出现脱肥现象，玉米抗病性降低，是发生褐斑病的主要原因。玉米 8 叶期为该病害显症期，开花期以后可以一直侵染至穗位叶以上，一般为 10~12 叶，玉米 12 片叶以后一般不会再发生此病害。

（四）弯孢霉叶斑病

1. 为害症状

玉米弯孢霉叶斑病又称黄斑病、拟眼斑病或黑霉病，近年来在我国东北、华北发生较多，呈上升趋势。如不注意防治，影响光合作用，从而降低玉米产量。弯孢霉菌的寄生范围较广，可寄生玉米、高粱、水稻、小麦、番茄、辣椒及一些禾本科杂草。该菌主要为害叶片，也可为害叶鞘和苞叶。弯孢霉菌侵入叶片，使细胞器解体，细胞发生病变坏死，形成胞内菌丝。典型病斑为初生褪绿小斑点，逐渐扩展为圆形至椭圆形褪绿透明斑，1~2 毫米大小，中间枯白色至黄褐色，边缘暗褐色，四周有浅黄色晕圈，大小（0.5~4）毫米×（0.5~2）毫米，大的可达 7 毫米×3 毫米。湿度大时，病斑正背两面均可产生灰黑色霉层，即分生孢子梗和分生孢子。发病严重时，影响光合作用，玉米籽粒瘦瘪，千粒重下降，降低玉米产量。该病症状变异较大，在有些自交系和杂交种上只生一些白色或褐色小点，可分为抗病型、中间型、感病型。抗病型病斑小，圆形、椭圆形或不规则形，中间灰白色至浅褐色，边缘外围具狭细半透明晕圈。中间型形状无异，中央灰白色或淡褐色，边缘具褐色环带，外围褪绿晕圈明显。

2. 发生规律

玉米弯孢霉叶斑病的病原菌主要为新月弯孢菌，属半知菌亚门弯孢霉属。病菌以分生孢子和菌丝体在土壤中、植株的病残体和病秸秆上越冬。翌年分生孢子在适宜条件下被传到玉米植株上，侵入体内引起初侵染；发病后病部产生的大量分生孢子经风雨、气流传播又可引起多次再侵染。分生孢子萌发的温度范围在 8～40℃，最适在28～32℃，分生孢子萌发要求高湿度。7—8 月高温、高湿、多雨的气候条件有利于该病的发生流行，7～10 天即可完成一次侵染循环，病菌可随风雨传播，短期内侵染源急剧增加，在田间形成病害流行高峰期。生产上品种间抗病性差异明显。但由于受生态因子的影响，各地在病害发生的始发期、进入高峰期的时间以及发病严重程度上都有一定的差异。涝洼地、连作田，施未腐熟的带菌有机肥发病较重。

影响玉米弯孢霉叶斑病流行的因素主要包括田间菌源积累量、气候因素、耕作制度和栽培技术等。玉米弯孢霉菌源量是病害发生的内因，秋翻地不及时，地里残留带病菌的植株、残叶，以及农户家翌年春播时还存有大量玉米秸秆，是翌年发病的初发菌源。气候因素影响发病的严重程度。玉米弯孢霉叶斑病的发生程度与 7—8 月的气候条件密切相关。现在主栽的玉米品种绝大多数是感病和高感病，高抗品种很少，不存在抗病品种，这就对该病的大发生创造了条件。玉米大面积连作，造成田间病残体多，增加了菌源数量。栽培管理粗放也是造成玉米弯孢霉叶斑病发生流行的主要原因。有机肥施用量少，偏施化肥，氮、磷、钾及微量元素失调；播种量大，植株密度大，田间郁闭，通风透光条件差，湿度增加，光照不足，降低了玉米植株的抗病性，有利于病害发生流行。

（五）灰斑病

1. 为害症状

玉米灰斑病又称尾孢叶斑病、玉米霉斑病，在我国玉米各产区均有发生，近年发病呈上升趋势，为害严重。该病主要为害叶片，先侵染每株玉米的脚叶，由下往上发生为害和蔓延。发病初期病斑椭圆形至矩圆形，无明显边缘，灰色至浅褐色病斑，后期变为褐色。病斑多限于平行叶脉之间，大小（4~20）毫米×（2~5）毫米。湿度大时，病斑背面长出灰色霉状物。发病重时，叶片大部变黄枯焦，果穗下垂，籽粒松脱干瘪，百粒重下降，严重影响其产量和品质。

2. 发生规律

玉米灰斑病的病原菌为玉蜀黍尾孢菌，属半知菌亚门尾孢属。病原菌主要以子座或菌丝随病残体越冬，成为翌年初侵染源。以后病斑上产生分生孢子进行重复侵染，不断扩展蔓延。植株开始发病部位为下部衰老叶片，随着叶片逐渐成熟衰老，病原菌侵染也随之逐渐向上部叶片扩展，然后在株间传播，进行重复侵染。病原菌在干燥的条件下能够在病残体上安全越冬，但在潮湿的地表层下的病残体不能越冬。在北方地区，一般7—8月多雨的年份易发病。病害传播很快，一个病害侵染循环周期大约10天。当年夏季如果降水量大、降雨早、空气相对湿度大，则病害发生早，否则发病晚，发病时间可推迟7~10天。随着时间的推移，病情指数不断上升，8

月中旬病情增长速度显著，是病害发生的关键时期。

高温多雨，相对湿度高天数多的季节发病严重。种植密度高、不透风、湿度大会加快病害的传播，增大风险。玉米连茬则病害发生的风险高。种植感病品种增加风险。如果病害在玉米生长的早期发生，后期病害流行的风险增加。个别地块可导致大量叶片干枯。品种间抗病性有差异。播期、种植密度、地势、肥料对玉米灰斑病的影响不大。

（六）粗缩病

1. 为害症状

玉米整个生育期都可感染发病，以苗期受害最重。在玉米 5~6 片叶即可显症，心叶不易抽出且变小，可作为早期诊断的依据。开始在心叶基部及中脉两侧产生透明的油浸状褪绿虚线条点，逐渐扩及整个叶片。病株叶片宽短僵直，叶色浓绿，节间粗短，顶叶簇生状如君子兰。叶背、叶鞘及苞叶的叶脉上具有粗细不一的蜡白色条状突起，有明显的粗糙感。9~10 叶期，病株矮化现象更为明显，上部节间短缩粗肿，顶部叶片簇生，病株高度不到健株一半，多数不能抽穗结实，个别雄穗虽能抽出，但分枝极少，没有花粉。果穗畸形，花丝极少，植株严重矮化，雄穗退化，雌穗畸形，严重时不能结实。玉米果穗的长度、穗粒数、单株的籽粒产量等都将随病级的加重而减少。随着粗缩病病株率的增加，玉米产量跟着降低。

2. 发生规律

我国大部分地区玉米粗缩病病原是玉米粗缩病毒或水稻黑条矮缩病毒，属呼肠孤病毒组。玉米粗缩病通常不能通过土壤、种子和接触性传播，也不能经过嫁接、汁液摩擦、蚜虫和叶蝉传染，只能通过灰飞虱和白背飞虱传播。病毒借昆虫传播，主要传毒昆虫为灰飞虱，属持久性传播。潜育期 15~20 天。还可侵染小麦（引起绿矮病）、燕麦、谷子、高粱、稗草等。

我国北方，粗缩病病毒在冬小麦及其他杂草寄主越冬，也可在传毒昆虫体内越冬。灰飞虱若虫或成虫在地边杂草下和田内麦苗下等处越冬，为翌年初侵染源。春季带毒的灰飞虱将病毒传播到返青的小麦上，致使小麦发生绿矮病，成为玉米粗缩病病毒的主要来源。以后由小麦和地边杂草等处再传到玉米上。5—6 月随着小麦成熟收割后，带毒的飞虱陆续转移至附近的春、夏播玉米田传毒为害，这时候玉米正处在苗期，很容易感染病毒，造成玉米粗缩病的暴发。在 5 月中旬至 6 月初平均气温 20~25℃，适于飞虱活动，田间飞虱种群数量达到高峰，这一时期播种的玉米发病率也最高。虽然玉米是玉米粗缩病毒的良好寄主，但却不是玉米粗缩病毒传播介体的主要寄主，所以发病的玉米不会成为冬小麦的主要侵染源，而田间的禾本科杂草，尤其是马唐和稗草可自然感病，成为秋播冬小麦苗期的有效侵染源。小麦出苗以后，带毒的灰飞虱迁移至小麦田，至此灰飞虱侵染农作物和杂草形成了周年侵染循环。玉米粗缩病毒在灰飞虱体内可增殖和越冬，但不能经卵传给下一代，因此带毒灰飞虱为害的秋播小麦和田边杂草，带毒越冬的灰飞虱成虫和若虫都是翌年病害发生的有效毒源。

玉米 5 叶期以前易感病，10 叶期以后抗性增强，即便受侵染发病也轻。玉米出苗至 5 叶期如果与传毒昆虫迁飞高峰相遇，发病严重，所以玉米播期和发病轻重关系密切。此病发生很大程度上取决于灰飞虱田间数量和带毒个体的多少，并且与栽培条件有关，早播玉米发病重于晚播玉米，靠近地头、渠边、路旁杂草多的玉米发病重，靠近菜田等潮湿而杂草多的玉米发病重，不同品种之间发病程度有一定差异。

（七）茎基腐病

1. 为害症状

玉米茎基腐病又称青枯病，在我国玉米各产区均有发生，是一种重要的土传病害。在玉米灌浆期开始根系发病，乳熟后期至蜡熟期为发病高峰期。从始见青枯病叶到全株枯萎，一般 5~7 天。发病快的仅需 1~3 天，长的可持续 15 天以上。玉米茎基腐病在乳熟后期，常突然成片萎蔫死亡，因枯死植株呈青绿色，故称青枯病。先从根部受害，最初病菌在毛根上产生水渍状淡褐色病变，逐渐扩大至次生根，直到整个根系呈褐色腐烂，最后粗须根变成空心。根的皮层易剥离，松脱，须根和根毛减少，整个根部易拔出。逐渐向茎基部扩展蔓延，茎基部 1~2 节处开始出现水渍状梭形或长椭圆形病斑，随后很快变软下陷，内部空松，一掐即瘪，手感明显。节间变淡褐色，果穗苞叶青干，穗柄柔韧，果穗下垂，不易掰离，穗轴柔软，籽粒干瘪，千粒重、穗粒重减少，穗长和行粒数降低，脱粒困难。叶片症状有青枯、黄枯和青黄枯 3 种。如在发病期遇到雨后高温，蒸腾作用较大，因根系及茎基受病害，使水分吸收运输功能减弱，从而导致植株叶片迅速枯死，全株呈青枯症状。如发病期没有明显雨后高温，蒸腾作用缓慢，在水分供应不足情况下叶片由下而上缓慢失水，逐步枯死，呈黄枯症状。如病程发展速度突然由慢转快则表现青黄枯。

2. 发生规律

茎基腐病是由多种病原菌单独或复合侵染造成根系和茎基腐烂的一类病害，导致该病害的病原菌有很多种，按侵染源的不同可将其分为细菌性茎基腐病与真菌性茎基腐病。我国以真菌性茎基腐病为主。病菌可在土壤中病残体上越冬。病原菌主要分布在土壤、病株体内外，属于典型的土传病害。带菌种子、病株残体、病田土壤均携带有相关致病菌。越冬病菌一般会在玉米播种后至抽雄吐丝这一时间段侵袭根部，并逐步侵袭整个植株。高温、高湿的环境最合适相关病菌生长，因此，也最容易发生病害，特别是玉米灌浆到成熟期。腐霉菌最适的生长温度在 23~25℃，镰孢菌最适的生长温度在 25~26℃。与镰孢菌相比，腐霉菌在土壤中的生长湿度条件要求更高。连作年限越久，土壤中所积累的病原菌也越多，发病也越严重。越冬后存活的病原菌会继续为害玉米，一般通过风雨、昆虫、机械、灌溉水等途径在田间传播。玉米株高 60 厘米时组织柔嫩易发病，害虫为害造成的伤口利于病菌侵入。此外害虫携带病菌同时起到传播和接种的作用，如玉米螟、棉铃虫等虫口数量大则发病重。病害的发生与其他叶部病害的发生关系很大，如锈病若重，茎腐也会严重。对于同一生态区的病原菌，其分离频率在年度、区域方面有明显的区别；对于不同生态区来说，病原菌分离频率也有所不同。例如，多雨的地方病原菌以腐霉菌为主，干旱的地方以镰孢菌为主。

二、玉米主要病害防治

（一）大小斑病、褐斑病、弯孢霉叶斑病、灰斑病

在玉米的种植和栽培中，要充分坚持因地制宜的原则，根据田间的自然环境以及气候条件进行科学选种和播种，同时也要对田间的温度和湿度进行有效控制，以此来有效防治玉米叶斑病。

1. 农业防治

（1）积极利用和推广抗病性强的品种。玉米抗病性是影响叶斑病的重要因素，在选种和种植的过程中要选择抗病性强的玉米品种，有效控制玉米种子的品质，在种植之前也要对种子进行科学的处理。

（2）改善玉米种植环境。大豆玉米间作种植对玉米叶斑病有控制作用，既可改变单一品种种植的空间格局，延缓病害的发生和传播速度，又可提高作物对光照、温度的利用效率，提高单位面积产量。

2. 药剂防治

（1）利用种子包衣以及浸种的方式来提升玉米的抗性。

（2）结合当地气候条件和植株生长状况，密切关注田间发病情况，遇有连雨、寡照、多雾的不良天气，田间出现中心病株，应及时进行药剂防治。发病初期，可用50%甲基硫菌灵可湿性粉剂1 000倍液、45%代森铵水剂500倍液、25%吡唑醚菌酯乳油1 000倍液进行喷雾防治，7~10天喷1次，连续喷洒2~3次。

（二）粗缩病

1. 农业防治

（1）选育抗病品种。一般硬粒型比马齿型单交种抗病。

（2）调整玉米播期避病。传毒介体灰飞虱迁移传毒高峰期与玉米敏感叶龄期（6 叶以下）的吻合程度，是影响玉米粗缩病发生轻重的重要因素。因此，调整播种期、错开传毒感病高峰期，是预防该病的有效措施，夏玉米在 6 月 15 日后播种，不种半夏玉米。

（3）加强田间管理。及时清除玉米田间、地头杂草，减少初始毒源和破坏传毒昆虫的繁衍地；加强玉米的肥水管理，促进玉米健壮生长，提高其抗病性；及时拔除田间零星病株，避免成为再侵染的毒源。

2. 药剂防治

（1）防治麦田、稻田飞虱。正确使用除草剂，控制麦田草害，特别是看麦娘等禾本科杂草；及时喷药防治灰飞虱，压低田间虫口基数，减轻后茬玉米粗缩病的发生。

（2）苗期防虫。播前用吡虫啉、噻虫嗪等药剂拌种或包衣，防治苗期灰飞虱；苗期发现灰飞虱量大时，及时喷药杀虫防病。

（3）感病初期可喷施 20%吗胍·乙酸铜可湿性粉剂 500 倍液，7~10 天喷 1 次，连续喷洒 2~3 次，可达到钝化病毒、增强植株长势、减轻发病的目的。

（三）茎基腐病

1. 农业防治

（1）选育和种植抗病品种是防治茎基腐病最经济有效的措施。

（2）清理田间病残体。玉米收获后将植株的残体带到田外进行深埋、焚烧或通过沼气池发酵处理，不可随意地丢弃在田里或田间地头，同时种植过的土壤要进行深翻，阳光充分照射杀菌；用病残体沤制的有机肥要经过高温处理，腐熟后才能使用；对重病地块要避免连作，可实行3年以上轮作倒茬。

（3）加强田间管理。选用一些熟期相近、生态类型及抗病性不同的玉米品种进行间混种植，能明显增强群体抗病性；合理密植，控制种植密度，提高田间透气性；适期晚播，使玉米的感病期躲开多雨高湿的8月；苗期注意蹲苗，促进玉米幼苗根系生长发育，增强根系抗侵染能力；雨后及时排水，避免田间积水，降低田间湿度；合理施肥，在玉米生育前期施用氮、磷、钾之比为1：4：5的混合肥，生育后期施用比例为1：1：5，可有效地提高玉米对茎基腐病的抗性。

2. 生物防治

可采用木霉菌拌种、细菌拌种或木霉菌穴施配合细菌拌种进行生物防治。

3. 药剂防治

（1）预防茎基腐病，需及时防治蚜虫、灰飞虱、玉米螟及地下害虫，杜绝虫害传毒、传菌途径，防止病菌从虫害伤口进入，进而为害植株。

（2）可在种子包衣或拌种时加入多菌灵、咯菌腈等药剂，也能在一定程度上预防玉米茎基腐病。此外，可选择50%辛硫磷乳油、20%福·克悬浮种衣剂对玉米进行包衣处理，能减少植株伤口、减轻虫害，进而减少病原菌对植株根茎部的侵染，达到防控病害的目的。

（3）发病初期，用50%多菌灵可湿性粉剂500倍液、70%百菌清可湿性粉剂800倍液、65%代森锰锌可湿性粉剂500倍液或50%苯菌灵可湿性粉剂1 500倍液进行喷雾防治。

【想一想】

1. 茎基腐病的发病规律是什么？如何防治？

2. 玉米叶斑病的发生规律是什么？如何防治？

第四节 大豆虫害防治

大豆田间害虫主要有甜菜夜蛾、斜纹夜蛾、蚜虫、红蜘蛛等。

一、大豆主要虫害识别

（一）地下害虫

为害大豆的地下害虫种类很多，主要有蛴螬、蝼蛄、金针虫、地老虎等10余类，发生的种类因地而异，在我国发生较为普遍且为害严重的主要是蛴螬和地老虎，其中，在黄淮海夏大豆生产区以蛴螬发生和为害较为严重。

1. 蛴螬

（1）为害症状。蛴螬是金龟甲的幼虫，该虫喜食萌发的种子，幼苗的根、茎；苗期咬断幼苗的根、茎，断口整齐平截，地上部幼苗枯死，造成田间大量缺苗断垄或幼苗生长不良，使杂草大量出生，过多地消耗土壤养分，增加了化除成本或为翌年种植作物留下隐患；成株期主要取食大豆的须根和主根，虫量多时，可将须根和主根外皮吃光、咬断。蛴螬地下部食物不足时，夜间出土活动，为害近地面茎秆表皮，造成地上部植株黄瘦，生长停滞，瘪荚瘪粒，减产或绝收。后期受害造成千粒重降低，不仅影响其产量，而且降低商品性。蛴螬成虫喜食叶片、嫩芽，造成叶片残缺不全，加重为害。

（2）发生规律。蛴螬属鞘翅目金龟总科，是世界上公认的重要地下害虫，可为害多种植物，是近几年为害最重、给农业生产造成巨大损失的一大类群。蛴螬在我国分布很广，各地均有发生，但以我国北方发生较普遍。据资料记载，我国蛴螬的种类有1 000多种，其中为害大豆的种类主要有华北大黑鳃金龟、暗黑鳃金龟、铜绿丽金龟。其中，发生在黄淮海夏大豆区为害最严重的是暗黑鳃金龟。蛴螬是一类生活史较长的昆虫，每年发生代数因种、因地而异。一般一年1代，或2~3年1代，如大黑鳃金龟2年1代，暗黑鳃金龟、铜绿丽金龟一年1代。蛴螬共3龄，1龄、2龄期较短，第3龄期最长。以成虫和幼虫越冬，成虫在土下30~50厘米处越冬，羽化的成虫当年不出土，一直在化蛹土室内匿伏越冬；幼虫一般在地下55~145厘米处越冬，越冬幼虫在翌年5月上旬，开始为害幼苗地下部分。成虫交配后10~15天产卵，产在松软湿润的土壤内，以水浇地最多，每头雌虫可产卵100粒左右。蛴螬有假死和负趋光性，并对未腐熟的粪肥有趋性。白天藏在土中，20—21时进行取食等活动。当10厘米土温达5℃时，开始上行到土表；13~18℃活动最盛，高于23℃时，则向深土层转移；当秋季土温下降到其活动适温时，再移向土壤上层。因此，蛴螬发生最重的季节主要是春季和秋季。蛴螬的发生规律与土壤湿度密切相关，连续阴雨天气、土壤湿度大，蛴螬发生严重；有时虽然温度适宜，但土壤干燥，则死亡率高。低温、降雨天气，很少活动；闷热、无雨天气，夜间活动最盛。连作地块，发生较重；轮作田块，发生较轻。蛴螬在土壤中的活动与土壤温度关系密切，特别是影响蛴螬在土壤内的垂直活动。

2. 地老虎

地老虎又名切根虫、夜盗虫，俗称地蚕，属于鳞翅目、夜蛾科。地老虎种类也很多，农田主要种类有小地老虎、黄地老虎、大地老虎、白边地老虎等10余种。其中，小地老虎在全国各地都有分布，南方以丘陵旱作地发生较重；北方则以沿河湖岸、低洼内涝地以及水浇地发生较重。以下以小地老虎为例介绍其为害症状和发生规律。

（1）为害症状。小地老虎又称地蚕、土蚕、切根虫，是地老虎中分布最广、为害最严重的种类，其食性杂，可取食棉花、瓜类、豆类、禾谷类、麻类、甜菜、烟草等多种作物。该虫是多食性害虫，寄主多，分布广，地老虎幼虫可将幼苗近地面的茎部咬断，使整株死亡。1~2龄幼虫，昼夜均可群集于幼苗顶心嫩叶处，啃食幼苗叶片呈网孔状，取食为害；3龄后分散，幼虫行动敏捷，有假死习性，对光线极为敏感，受到惊扰即卷缩成团，白天潜伏于表土的干湿层之间，夜晚出土从地面将幼苗植株咬断拖入土穴，或咬食未出土的种子，幼苗主茎硬化后，改食嫩叶和叶片及生长点；4龄后幼虫毁苗率高，取食量大；老熟幼虫常在春季钻出地表，在表土层或地表为害，咬断幼苗的茎基部，常造成大豆缺苗断垄和大量幼苗死亡，严重影响产量。食物不足或寻找越冬场所时，有迁移现象。

（2）发生规律。小地老虎属鳞翅目夜蛾科。在我国由北向南一般一年发生1~7代，在黑龙江一年发生1~2代，在北京一年发生4代，在我国南方各省一般一年发生6~7代。小地老虎在我国南方各省区的大部分地区，一般以幼虫和蛹在土中越冬，在1月平均温度高于8℃的冬暖地区，冬季能继续生长、繁殖与为害，在北方基本不能越冬。成虫飞翔能力很强，具有远距离迁飞能力，累计飞行可达34~65小时，飞行总距离达1 500~2 500千米。与黏虫等迁飞害虫一样，随季风南北往返迁移为害，春季越冬代蛾由越冬区逐步由南向北迁出，形成复瓦式交替北迁的现象；秋季再由北回迁到越冬区过冬（越冬北界为33°N左右），构成一年内小地老虎季节性迁飞模式内的大区环流。另外，它还有垂直迁飞的现象。成虫体长16~23毫米，翅展42~54毫米，前翅黑褐色，具有显著的肾状斑、环形纹、棒状纹和2个黑色剑状纹；在肾状纹外侧有一明显的尖端向外的楔形黑斑；在亚缘线上侧有2个尖端向内的楔形黑斑，3斑相对，易于识别；后翅灰色无斑纹；雌虫触角丝状，雄虫双栉状（端半部为丝状）；有昼伏夜出的习性，白天潜伏于土缝中、杂草间、屋檐下或其他隐蔽处，夜出活动、取食、交尾、产卵，以19—

22 时最盛；在春季傍晚气温达到 8℃时，即开始活动，温度越高，活动的数量与范围亦愈大，大风夜晚不活动，对糖、醋、蜜、酒等酸甜芳香气味物质表现强烈的正趋化性，对普通灯趋光性不强，但对黑光灯趋性强；成虫羽化后经 3~4 天交尾，在交尾后第 2 天产卵，卵散产于杂草中或土块中，每一雌蛾，通常能产卵 800~1 000粒。卵半球形，直径约 0.61 毫米，表面有纵横交错的隆起线纹；初产时乳白色，孵化前为灰褐色。幼虫共 6 龄，老熟幼虫体长 41~50 毫米，体稍扁，暗褐色；体表粗糙，布满龟裂状的皱纹和黑色小颗粒，背面中央有 2 条淡褐色纵带；头部唇基形状为等边三角形；腹部 1~8 节背面有 4 个毛片，后方的 2 个较前方的 2 个要大 1 倍以上；腹部末节臀板有 2 条深褐色纵带；3 龄前幼虫在寄主心叶或附近土缝内，全天活动，但不易被发现；3 龄后幼虫扩散为害，白天在土下，夜间及阴雨天外出，把幼苗近地面处切断拖入土中；3 龄后幼虫有假死性和自相残杀性，受惊吓即蜷缩成环，如遇食料不足，则迁移扩散为害，老熟虫大多数迁移到田埂、田边、杂草附近，钻入干燥松土中筑土室化蛹。蛹长 18~24 毫米，暗褐色，腹部第 4~7 节基部有圆形刻点，背面的大而色深；腹端具臀棘 1 对。根据生产观察，第 1 代幼虫数量最多，为害最大，是生产上防治的重点时期。

小地老虎成虫产卵和幼虫生活最适宜的温度为 14~26℃，相对湿度为 80%~90%，土壤含水量为 15%~20%。当气温在 27℃以上时，发生量即开始下降，在气温 30℃且湿度为 100%时，1~3 龄幼虫常大批死亡。如果当年 8—10 月降水量在 250 毫米以上，翌年

3—4 月降水在 150 毫米以下，会使小地老虎大发生；而秋季雨少、春季雨多，则不利于其发生。小地老虎喜欢温暖潮湿的环境条件，因此，凡是沿河、沿湖、水库边、灌溉地、地势低洼地及地下水位高、耕作粗放、杂草丛生的田块，虫口密度大。春季田间凡有蜜源植物的地区，发生亦重。凡是土质疏松、团粒结构好、保水性强的壤土、黏壤土、沙壤土，更适宜发生，尤其是上年被水淹过的地方，发生量大，为害更严重。

3. 蟋蟀

（1）为害症状。蟋蟀又叫油葫芦、促织，俗称蛐蛐儿、土蛰子、地蹦子，是一大类杂食性害虫的通称。该虫食性杂，几乎所有农林植物都能取食，除大豆外，还为害玉米、花生、芝麻、甘薯、白菜、萝卜等作物，同时还为害牡丹、芍药等花卉、药用植物。以成虫、若虫在地下为害大豆的根部，在地面为害幼苗，会咬断近地面大豆的幼茎，切口整齐，致使幼苗死亡，造成严重缺苗断垄，甚至毁种；也能咬食寄主植物的嫩茎、叶片、花蕾、种子和果实，造成不同程度的损失。

（2）发生规律。蟋蟀是直翅目蟋蟀科的统称。蟋蟀在我国分布极广，几乎全国各省市都有，分布较多的省区有安徽、江苏、浙江、江西、福建、河北、山东、山西、陕西、广东、广西、贵州、云南、西藏、海南等。我国已知蟋蟀有近 200 种，为害大豆的主要蟋蟀种类是北京油葫芦、大扁头蟋。北京油葫芦、大扁头蟋每年发生一代，主要以卵在土壤中越冬，卵单产，产在杂草多而向阳的田埂、坟地、草堆边缘处的土壤中。在河北、山东、陕西等省，越冬卵于翌年 4 月底至 5 月初开始孵化，5 月为若虫出土盛期，立秋后进入成虫盛期。蟋蟀穴居，常栖息于地表、砖石下、土穴中、草丛间，昼伏夜出，可整夜活动为害。雄虫筑土穴与雌虫同居，9—10 月为产卵期，10 月中下旬以后，成虫陆续消亡。蟋蟀喜栖息于阴凉、土质疏松、较湿的环境中。虫口过于密集时，常会自相残杀。蟋蟀食量大，一头 4 龄若虫每小时可取食叶片 0.8~2.1 厘米^2，一头成虫每小时可取食叶片 2.5~4.4 厘米^2。为害时间长，从 5 月上旬到 10 月中旬，均有成虫、若虫为害。这类害虫多数一年发生 1 代，成虫和若虫均喜群栖，若虫共 6 龄，低龄若虫昼夜均能活动，4 龄后昼伏夜出，21—23 时最活跃，雨后活动更甚、具趋光性和喜湿性，对香甜物质如炒香的豆饼、麦麸以及马粪等农家肥有强烈趋性。

4. 蝼蛄

（1）为害症状。蝼蛄又名拉拉蛄、土狗子等，是我国常见的杂食性害虫。蝼蛄主要为害小麦、玉米、豆类、谷子、棉花、烟草和蔬菜，尤其以早春苗床、阳畦及地膜覆盖田发生早、为害重，因此必须重视播种期防治。该虫成虫、若虫均在土中活动，取食播下的种子、幼芽或将幼苗咬断致死，受害的根茎部呈乱麻状。由于蝼蛄的活动将表土层窜成许多隧道，使苗根脱离土壤，致使幼苗因失水而枯死，造成缺苗断垄。

（2）发生规律。蝼蛄属直翅目蝼蛄科，在山东省有华北蝼蛄和东方蝼蛄。

华北蝼蛄 3 年发生一代，成虫体长 36~50 毫米，雌性个体大，雄性个体小，黄褐色，腹部色较浅，全身被褐色细毛，头暗褐色，前胸背板中央有一暗红斑点；前足为开掘足，后足胫节背面内侧有0~2个刺，多为1个；以成虫和8龄以上的各龄若虫在1.5米以上的土中越冬，翌年3—4月若虫开始上升为害，地面可见长约10厘米的虚土隧道，4—5月地面隧道大增即为害盛期；6月上旬当隧道上出现虫眼时已开始出窝迁移和交尾产卵，6月下旬至7月中旬为产卵盛期，8月为产卵末期。喜在土质疏松、干燥向阳的轻盐碱地里产卵，沙壤土地发生较多。初孵若虫最初较集中，后分散活动，至秋季达8~9龄时即入土越冬；翌年春季，越冬若虫上升为害，到秋季达12~13龄时，又入土越冬；第3年春季产卵羽化为成虫越冬。

东方蝼蛄1~2年发生1代，成虫体型较华北蝼蛄小，30~35毫米，也是雌性个体大雄性个体小，灰褐色，全身生有细毛，头暗褐色；飞行能力很强；前足为开掘足，后足胫节背后内侧有3~4个刺；以老熟幼虫或者成虫在土中越冬，翌年4月越冬成虫为害至5月，在黄淮地区，越冬成虫5月开始产卵，盛期为6—7月，卵经15~28天孵化，当年孵化的若虫发育至4~7龄后，在40~60厘米深土中越冬，翌年春季恢复活动，为害至8月开始羽化为成虫，若虫期长达400余天。当年羽化的成虫少数可产卵，大部分越冬后，至第3年才产卵。

蝼蛄当春天气温达8℃时开始活动，秋季低于8℃时则停止活动，春季随气温上升为害逐渐加重，地温升至10~13℃时在地表下形成长条隧道为害幼苗；地温升至20℃以上时则活动频繁、进入交尾产卵期；地温降至 25℃ 以下时成、若虫开始大量取食积累营养准备越冬，秋播作物受害严重。土壤中大量施用未腐熟的厩肥、堆肥，易导致蝼蛄发生，受害较重。当深 10～20 厘米处土温在 16～20℃、含水量 22%～27% 时，有利于蝼蛄活动；含水量小于 15% 时，其活动减弱；所以春、秋有两个为害高峰，在雨后和灌溉后常使为害加重。

（二）甜菜夜蛾

1. 为害症状

甜菜夜蛾，又名玉米夜蛾，俗称青虫。是一种世界性顽固害虫，全国各地均有发生，除了为害大豆外，还为害玉米、棉花、甜菜、甘蓝、花椰菜、大葱、萝卜、白菜、莴苣、番茄等 170 多种作物。大豆幼苗期至鼓粒期均有甜菜夜蛾的为害，以幼虫躲在植株心叶内取食为害，初孵幼虫食量小，在叶背群集吐丝结网，在其内取食叶肉，留下表皮成透明小孔，受害部位呈网状半透明的窗斑，干枯后纵裂。3 龄后幼虫，分散为害，食量大增，昼伏夜出，为害叶片形成孔洞、缺刻，严重时，可吃光叶肉，仅留叶脉和叶柄，致使豆叶提前干枯、脱落，甚至剥食茎秆皮层。4 龄后幼虫，开始大量取食。开花期幼虫在为害叶片的同时，又取食花朵和幼荚，直接造成大豆减产，严重时减产 10% 左右。

2. 发生规律

甜菜夜蛾属鳞翅目夜蛾科。北京、陕西每年发生 4～5 代，山东发生 5 代，湖北发生 5～6 代，江西发生 6～7 代，广东发生 10～11 代，世代重叠。主要以蛹在土中越冬，少数未老熟幼虫在杂草上及土缝中越冬，冬暖时仍见少量取食。在亚热带和热带地区可周年发生，无越冬休眠现象。属间歇性猖獗为害的害虫，不同年份发生情况差异较大，近几年甜菜夜蛾为害呈上升的趋势。

卵圆球状，白色，成块产于叶面或叶背，8~100 粒不等，排为1~3 层，外面覆有雌蛾脱落的白色绒毛，因此不能直接看到卵粒。末龄幼虫体长约 22 毫米，体色变化很大，由绿色、暗绿色、黄褐色、褐色至黑褐色，背线有或无，颜色亦各异。较明显的特征是腹部气门下线为明显的黄白色纵带，有时带呈粉红色，此带直达腹部末端，不弯到臀足上，是区别于甘蓝夜蛾的重要特征，各节气门后上方具一明显白点。蛹长 10 毫米左右，黄褐色，中胸气门外突。成虫体长 8~10 毫米，翅展 19~25 毫米，灰褐色，头、胸有黑点，前翅灰褐色，基线仅前段可见双黑纹；内横线双线黑色，波浪形外斜；剑纹为一黑条；环纹粉黄色，黑边；肾纹粉黄色，中央褐色，黑边；中横线黑色，波浪形；外横线双线黑色，锯齿形，前、后端的线间白色；亚缘线白色，锯齿形，两侧有黑点，缘线为一列黑点，各点内侧均衬白色；后翅白色，翅脉及缘线黑褐色。甜菜夜蛾是喜温而又耐高温害虫，高温干旱宜于甜菜夜蛾大发生。

成虫对黑光灯灯光的趋性较强，羽化后第 1 天即具备交尾能力。成虫寿命 7~10 天，白天躲在杂草及植物茎叶的浓荫处，夜间活动，无月光时最适宜成虫活动。成虫产卵一般在夜间进行，产于大豆叶片背面，卵排列成块，覆以灰白色鳞毛。成虫可成群迁飞，具有远距离迁飞的习性。幼虫稍受震扰吐丝落地，有假死性。3~4龄后，白天潜于植株下部或土缝中，傍晚移出取食为害。高温、干旱年份更多，常和斜纹夜蛾混发，对大豆威胁甚大。山东夏大豆地区为害盛期集中在 7—9 月，时间长达 3 个月。

（三）斜纹夜蛾

1. 为害症状

斜纹夜蛾，又名莲纹夜蛾，俗称乌头虫、夜盗虫、野老虎、露水虫等，为世界性害虫，分布极广，寄主极多，除豆科植物外，还可为害包括瓜类、茄子、葱、韭菜、菠菜以及粮食、经济作物等近 100 科、300 多种植物，是一种杂食、暴食性害虫。以幼虫为害大豆叶部、花及豆荚，低龄幼虫啮食叶片下表皮及叶肉，仅留上表皮和叶脉，呈纱窗状透明斑；4 龄以后进入暴食，咬食叶片，仅留主脉。虫口密度大时，常数日之内将大面积大豆叶片食尽，吃成光秆或仅剩叶脉，阻碍作物光合作用，造成植株早衰，籽粒空瘪，且能转移为害，影响大豆产量和品质。大发生时，会造成严重产量损失。幼虫多数为害叶片，少量幼虫会蛀入花中为害或取食豆荚。

2. 发生规律

斜纹夜蛾属鳞翅目夜蛾科。我国每年华北地区发生 4～5 代，长江流域发生 5～6 代，世代重叠现象严重。以蛹在土中蛹室内越冬，少数以老熟幼虫在土缝、枯叶、杂草中越冬。南方冬季无休眠现象。不耐低温，长江以北地区大都不能越冬。多发生在 7—9 月。各地发生期的迹象表明，此虫有长距离迁飞的可能。成虫具趋光和趋化性。成虫产卵多在植株生长高大茂密浓绿的边际作物上，植株中部着卵较多，且多产在叶片背面，顶部或基部相对较少，不易发现。卵半球形，直径约 0.5 毫米；初产时黄白色，孵化前呈紫黑色，卵壳表面有纵横脊纹，数十至上百粒集成卵块，一般重叠排列2~3层，外覆黄白色绒毛。幼虫共6龄，有假死性，初孵幼虫灰黑色，群集在卵块附近取食，2龄后期分散为害，3龄前仅食叶肉，叶片被害处仅留上表皮及主脉，呈现灰白色筛孔状的斑块，枯死后呈黄色，4龄以后为暴食期。老熟幼虫体长38~51毫米，夏秋虫口密度大时体瘦，黑褐或暗褐色；冬春数量少时体肥，淡黄绿或淡灰绿色。蛹长18~20毫米，长卵形，红褐至黑褐色，腹末具发达的臀棘一对。成虫体长14~20毫米，展翅33~42毫米，头、胸、腹均深褐色，前翅灰褐色，内横线和外横线灰白色，呈波浪形，有白色条纹，环状纹不明显，肾状纹前部呈白色，后部呈黑色，环状纹和肾状纹之间有3条白线，组成明显的较宽斜纹，自翅基部向外缘还有1条白纹。后翅白色，外缘暗褐色。成虫白天不活动，躲在植株茂密处落叶下或土块缝隙及杂草丛中，日落后开始取食飞翔，交尾产卵多在午夜至黎明。成虫对黑光灯趋性较强，从傍晚至黎明整夜都可以诱到成虫。天敌有小茧蜂、广大腿蜂、寄生蝇、步行虫、鸟类等。

在黄河流域，8—9月是严重为害时期；在华中地区，7—8月发生量大，为害最重。斜纹夜蛾是一种喜温性害虫，其生长发育最适宜温度为28~30℃、相对湿度为75%~85%。38℃以上高温和冬季低温，对卵、幼虫和蛹的发育都不利。当土壤湿度过低、含水量在20%以下时，不利于幼虫化蛹和成虫羽化。1~2龄幼虫如遇暴风雨则大量死亡，蛹期大雨、田间积水也不利于羽化。田间肥水条件好、作物生长茂盛的田块，虫口密度往往较大。

（四）大豆蚜虫

1. 为害症状

大豆蚜虫俗称腻虫，是大豆最具破坏性的害虫之一，也是传播病毒病的介体。大豆蚜无论成蚜还是若蚜，都喜欢聚集在大豆的嫩枝叶部位为害；在大豆幼苗期，主要聚集在顶部叶片的背面为害，在始花期开始移动到中部的叶片和嫩茎上为害；到了盛花期，大豆蚜通常聚集在顶叶或侧枝生长点、花和幼荚上；在大豆生长后期则一般会聚集在大豆的嫩茎、荚、叶柄和大的叶片的背面为害。为害症状表现：植株弱小，叶片稀疏早衰，根系不发达，侧枝分化少，结荚率低，千粒重降低，甚至可造成整株死亡。

蚜虫大量排泄的"蜜露"招引蚜蚁，还会引起霉菌侵染，诱发霉污病，使叶片被一层黑色霉覆盖，影响光合作用；使生长点枯萎，叶片畸形、卷曲、皱缩、枯黄，嫩荚变黄，导致生长代谢失调，植株生长不良或生长停滞，植株矮小，从而影响开花和结荚。轻者影响豆荚、籽粒的发育，致使产量和品质下降，严重时甚至导致植株枯萎死亡。

蚜虫以群居为主，在某一片叶或某几株植株上大量繁殖和为害。蚜虫为害具有毁灭性，发生严重时，可导致大豆绝收。蚜虫能够以半持久或持久方式传播许多病毒，是大豆最重要的传毒介体，造成更为严重的间接损失。

2. 发生规律

大豆蚜虫属半翅目蚜科。一年发生10~30代，发生世代多，周期短，完成一代需要4~17天。主要以无翅胎生雌蚜和若虫在背风向阳的地堰、沟边和路旁的杂草上过冬，少量以卵越冬，卵会在枝条缝隙中过冬，等到翌年4月，天气转暖后，开始孵化。

大豆的生长一般可分为幼苗期、花芽分化期、开花期、结荚鼓粒期和成熟期。在幼苗期前期大豆蚜发生量一般很小，从幼苗期后期到始花期大豆蚜的种群数量迅速上升并持续10~15天。大豆蚜为害最严重的时期是开花期，严重时每百株有蚜量可达到2万头，20%的植株矮化。在开花期和结荚鼓粒期大豆蚜若发生严重会引起较大的产量损失。

大豆蚜在大豆植株上的分布随大豆植株的生长及田间气候条件的变化而呈现较明显的规律性变化。大豆蚜刚迁入大豆田时，主要集中于大豆植株幼嫩的心叶上取食为害，随着大豆植株的生长及环境温度的升高，大豆蚜在大豆植株上的分布表现为下移的趋势。7月下旬至8月中旬，环境温度较高，降水量较大，大豆蚜则集中于较荫蔽的中下部叶片。8月下旬以后，随着环境温度下降，雨量减少，大豆植株由下向上老化，大豆蚜也由下向上转移。大豆蚜田间种群在整个发生过程中，呈聚集分布，但不同时期聚集程度不同，在发生为害的盛期则近乎随机分布。总的来说，在大豆生长前期大豆蚜的种群有从低侵染率到高侵染率的发展趋势，而在大豆生长后期大豆蚜的种群有从高侵染率到低侵染率的发展趋势。

大豆蚜有两个迁飞高峰和两个分散高峰。第1次迁飞高峰出现在大豆幼苗期，大豆蚜从它的越冬寄主上迁飞进入大豆田。这次迁飞蚜虫的量一般年份比发生严重的年份要低得多。第1次分散高峰在北方一般出现在6月底7月初，大豆蚜开始从点片分布发展为随

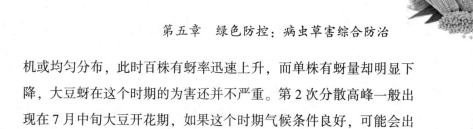

机或均匀分布，此时百株有蚜率迅速上升，而单株有蚜量却明显下降，大豆蚜在这个时期的为害还并不严重。第 2 次分散高峰一般出现在 7 月中旬大豆开花期，如果这个时期气候条件良好，可能会出现数次分散侵染，这个时期正是防治大豆蚜的关键时期。第 2 次迁飞高峰出现在 9 月中下旬，这时开始出现有翅雌蚜和有翅雄蚜，并向越冬寄主迁飞，在越冬寄主上交配并产下越冬卵。

蚜虫繁殖力很强，世代重叠现象突出。雌性蚜虫一生下来就能够生育，而且蚜虫不需要雄性就可以怀孕（即孤雌繁殖）。成虫、若虫有群集性，常群集为害。适宜蚜虫生长、发育和繁殖的温度为 8~35℃，在此范围内，温度越高，蚜虫发育越快，世代历期越短，在 12~18℃，若虫历期为 10~14 天；最适环境温度为 22~26℃，相对湿度为 60%~70%，此时，蚜虫繁殖力最强，每头蚜虫可产若蚜 100 余头，若虫历期仅 4~6 天即可完成一代。蚜虫对黄色有较强的趋性，对银灰色有忌避习性，且具较强的迁飞和扩散能力。温度高于 25℃、相对湿度 60%~80% 时，发生严重。连续阴雨天气，相对湿度在 85% 以上的高温天气，不利于蚜虫的繁殖。

蚜虫发生规律与环境湿度和温度密切相关，中温、干燥环境有利于蚜虫的发生和传播。这是因为湿度低时，植物中的含水量相对较少，而营养物质相对较多，有利于其生长发育。但过于干旱，以至于植物过分缺水，就会增加汁液黏滞性，降低细胞膨压，造成蚜虫取食困难，影响其生长发育。相反，高温、高湿环境不利于蚜虫的发生和传播，如果夏季多雨，不仅对蚜虫有冲刷作用，湿润的天气还会使植物含水量过多，酸度增加，引起蚜虫消化不良，造成蚜虫大量死亡。春末夏初气候温暖，水量适中，利于蚜虫发生和繁殖。旱地、坡地等地块发生严重。

蚜虫与蚜蚁有着共生关系。蚜虫带吸嘴的小口针能刺穿植物的表皮层，吸取养分。每隔一两分钟，这些蚜虫会翘起腹部，开始分泌含有糖分的蜜露。工蚁赶来，用大颚把蜜露刮下，吞到嘴里。一只工蚁来回穿梭，靠近蚜虫，舐食蜜露。秋末冬初，蚜虫产下卵，蚜蚁会把蚜虫和卵搬到窝里过冬，有时怕受潮，影响蚜卵孵化，在天气晴朗的日子里，还要搬出窝来晒一晒；翌年春暖季节，蚜蚁就把新孵化的蚜虫搬到早发的树木和杂草上。蚜虫的天敌很多，如七星瓢虫、草蛉、螳螂、食蚜虻等。当这些天敌到来时，蚜虫腹部尾端会释放报警信息素，吸引蚜蚁前来把天敌驱走。

（五）红蜘蛛

1. 为害症状

大豆红蜘蛛主要包括朱砂叶螨、豆叶螨等种类。分布广泛，是生产中的主要害虫。成、若螨喜聚集在叶背吐丝结网，以口器刺入叶片内吮吸汁液，被害处叶绿素受到破坏，受害叶片表面出现大量黄白色斑点，随着虫量增多，逐步扩展，全叶呈现红色，为害逐渐加重，叶片上呈现出斑状花纹，叶片似火烧状。成螨在叶片背面吸食汁液，刚开始为害时，不易被察觉，一般先从下部叶片发生，迅速向上部叶片蔓延。轻者叶片变黄，为害严重时，叶片干枯脱落，影响植株的光合作用，植株变黄枯焦，甚至整个植株枯死，可导致严重的产量损失。

2. 发生规律

朱砂叶螨、豆叶螨均属真螨目叶螨科。一年发生10~20代，每年发生代数与当地的温度、湿度（包括降水）、食料等关系密切。以两性生殖为主，雌螨也能孤雌生殖，世代重叠严重。以授精的雌成螨或卵在杂草、植物枝干裂缝、落叶以及根际周围浅土层土缝等处越冬。一般在翌年3月上中旬，平均气温在7℃以上时，雌雄同时出蛰活动，并取食产卵。气温达到10℃以上，即开始大量繁殖。3—4月，先在杂草或其他寄主上取食，大豆出苗后，陆续向田间迁移开始为害。每雌产卵50~110粒，多产于叶背。卵期2~13天。可孤雌生殖，其后代多为雄性。若螨活泼贪食，有向上爬的习性。先为害下部叶片，而后向上蔓延。朱砂叶螨完成一个世代平均需要10~15天，最快5天就可繁殖一代；豆叶螨全年世代平均天数为41天，发育适温17~18℃，卵期5~10天，从幼螨发育到成螨5~10天。两种叶螨活动温度范围为7~42℃，最适温度为25~30℃，最适相对湿度为35%~55%，在高温干旱的气候条件下，繁殖迅速，为害严重。因此，高温低湿的6—8月为害重，尤其是干旱年份，易于大发生。传播蔓延除靠自身爬行外，亦可因动物活动、农事活动或风、雨被动迁移。在田间先点片发生，后再扩散为害，雨水多对其发生不利。大豆叶片越老受害越重。田间杂草多或植株稀疏的，发生较重。在相对湿度70%以上时，不利于红蜘蛛的发生，低温、多雨、大风天气对红蜘蛛的繁殖不利。8月中旬后逐渐减少，到9月随着气温下降，开始转移到越冬场所，10月开始越冬。

二、大豆主要虫害防治

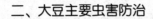

（一）地下害虫防治

大豆地下害虫主要有蛴螬、地老虎、蟋蟀、蝼蛄等。根据虫情，因时因地制宜，协调使用各项措施，做到"农防化防综合治、播前播后连续治、成虫幼虫结合治"，将地下害虫控制在经济允许水平以下，最大限度地减少为害。

1. 农业防治

（1）轮作倒茬。北方地区豆类作物应避免连作，减少地下害虫的虫源基数。

（2）深耕细耙。秋季深耕细耙，经机械杀伤和风冻、天敌取食等有效减少土壤中地下害虫的越冬虫口基数。春耕耙耕，可消灭地表地老虎卵粒，上升表土层的蛴螬，从而减轻为害。

（3）合理施肥。施用腐熟的有机肥，能有效减少蝼蛄、金龟甲等产卵，碳铵、腐殖酸铵、氨水、氨化磷酸钙等化肥深施既能提高肥效，又能因腐蚀、熏蒸作用杀伤一部分地蛆、蛴螬等地下害虫。

（4）适时灌水。适时进行春灌和秋灌，可恶化地下害虫生活环境，起到淹杀、抑制活动、推迟出土或迫使下潜、减轻为害的作用。

2. 生物防治

在土壤含水量较高或有灌溉条件的地区，可利用白僵菌粉剂14千克/公顷，均匀拌细土15～25千克制成菌土，与种肥拌匀，播种时利用播种机随种肥、种子一起施入地下，也可用绿僵菌颗粒剂44

千克/公顷直接随种子播种覆土。在大豆生长期（蛴螬成虫始发期）可用白僵菌粉剂 14 千克/公顷、绿僵菌粉剂 3.5 千克/公顷进行田间地表喷雾。

3. 药剂防治

（1）土壤处理。结合播前整地，进行土壤药剂处理。可选每亩用 5%辛硫磷颗粒剂 200 克拌 30 千克细沙或煤渣撒施。

（2）药剂拌种。最好的方法是用 30%多·福·克悬浮种衣剂包衣，药种比例为 1∶50，兼治根腐病。或者选用种子重量的 0.1%~0.2% 50%辛硫磷或 40%乐果乳油等药剂，加种子重量 2%的水稀释。均匀喷拌于种子上，堆闷 6~12 小时，待药液吸干后播种，可防止蛴螬等为害种芽。选用的药剂和剂量应进行拌种发芽试验，防止降低发芽率及发生药害。

（3）苗后防治。可用 500 克 48%毒死蜱乳油拌成毒饵撒施；或用 5%辛硫磷颗粒剂直接撒施；或喷施 48%毒死蜱乳油、10%吡虫啉可湿性粉剂等，防治成虫，将绿僵菌与毒死蜱混用杀虫效果最佳。苗期地下害虫为害较重时，也可进行药液浇根，用不带喷头的喷壶或拿掉喷片的喷雾器向植株根际喷药液。可选用 50%辛硫磷乳油 1 000 倍液，或 80%敌百虫可湿性粉剂 600~800 倍液。

（二）甜菜夜蛾和斜纹夜蛾

对这两种夜蛾类害虫应做好田间虫情监测工作，在害虫低龄期进行防治；根据害虫发生时期灵活掌握防治指标。一般在营养生长期可适当放宽防治指标。重视结荚鼓粒期的防控。

1. 加强预测预报

设立虫情测报灯或者性诱剂诱集成虫，选择有代表性的大豆田块对甜菜夜蛾和斜纹夜蛾的卵及幼虫进行田间系统调查，预测其发生期、发生量，为防治提供理论依据。

2. 农业防治

要清除杂草，减少中间宿主，降低虫源；选择抗虫或耐虫的品种和注意大豆品种的更新，如选择适于该地区种植的‘齐黄34’等品种；大豆收获后用犁深翻土地 20~25 厘米，减少冬季越冬的虫源。

3. 物理防治

在田间甜菜夜蛾发生时，及时进行田间观察，发现叶片上有卵块或刚孵化的幼虫还没有扩散时，及时摘除叶片和卵块。在豆田集中的田块布置太阳能杀虫灯或频振式杀虫灯，有效诱杀成虫。可利用糖、酒、醋混合发酵液加少量敌百虫诱杀或用柳树枝或杨树枝诱集成虫，以 6~10 根树枝扎成一把，每亩插 10 余把，每天早晨露水未干时人工捕杀诱集成虫。

4. 生物防治

包括利用天敌寄生蜂、病原微生物和昆虫寄生线虫等自然控制因子。保护并利用天敌，如蛙类、鸟类、蜘蛛类、捕食螨类、隐翅虫等捕食性天敌和寄生蝇、寄生蜂（黑卵蜂、姬蜂等）等寄生性天敌，利用自然因素控制甜菜夜蛾、斜纹夜蛾的为害。适度推广使用生物农药等生物防治措施，采用 Bt 制剂以及专门病毒制剂（主要有多核蛋白壳核多角体病毒和颗粒体病毒）等，每 7 天喷 1 次。有利于减少环境污染，形成良性循环，对农业生产长期有利。

5. 化学防治

甜菜夜蛾、斜纹夜蛾防治最佳适期是卵孵化高峰期，此时幼虫个体小、食量小、群体为害。防治最迟不能超过 3 龄，3 龄以后则分散取食为害，抗药性增强，且有假死性，防效甚差。而且大龄虫体蜡质层较厚，虫体光滑，用农药防治效果差。所以，在防治甜菜夜蛾时，要抓住有利时期，田间发现有刚孵化的幼虫或低龄虫集聚时就应施药治虫，效果较好。如果这一时期没有抓住，在田间发现有虫蜕皮，即害虫龄间转换，虫体皮肤较薄时施药效果也比较理想。

使用农药防治甜菜夜蛾，选择 9 时以前和 16 时以后幼虫取食时，用药效果较好。在幼虫刚分散时，进行喷药防治必须保证植株的上下、叶片的背面、四周都应全面喷施，以消灭刚分散的低龄幼虫。世代重叠出现时要在 3～5 天内进行两次喷药，可将甲维盐、茚虫威（虫螨腈、虱螨脲）和高效氯氰菊酯加有机硅助剂按使用说明适当配比，喷药用水量要足、药量要足，保证喷药细致、均匀。不要使用单一农药，注意不同农药的复配、更换和交替使用，降低害虫的抗性。在前期防治幼虫的基础上，发现有成虫（飞蛾）时，诱杀成虫可以减少下一代幼虫。

同时，要加强甜菜夜蛾、斜纹夜蛾抗药性的监测水平，及时科学地预测抗性发展趋势，推动综合治理措施的实施。应选用高效、低毒、低残留的化学农药，对目前正在推广使用的几个新型高效杀虫剂如氯虫苯甲酰胺、甲氨基阿维菌素苯甲酸盐、虫螨腈和氟啶脲等应进行早期抗性监测，严格控制这些药剂的使用次数和使用剂量，及早加以保护，延长其使用寿命。

（三）蚜虫

在大豆蚜防治过程中，应遵循早期防治、合理施药和保护天敌原则，并力求在做好测报基础上进行综合治理。

1. 加强预测预报

在进行大豆蚜发生量预测预报时，可利用越冬卵数量、寄主状况及过冷却点等多个因子。越冬卵量和气候因子，均为影响大豆蚜发生的重要因素。大豆田秋季迁飞蚜数量增加，常导致当年越冬卵量增加。越冬卵量与翌年大豆蚜的发生呈正相关。

大豆卷叶率、单株蚜量、有蚜株率和百株蚜量，均可作为大豆蚜防治指标制定的参考。大豆卷叶率达 8%~10%，需进行大豆蚜防治；田间单株蚜量达 250 头，也需及时开展防治。在大豆花荚期，如百株蚜量达 10 000 头，也应进行防治。百株蚜量越大，对大豆造成的产量损害越大。在大豆蚜点片发生期，即百株蚜量达到 1 500 头以上或卷叶率达到 3% 以上，应提早预防，并制定防治措施。

2. 农业防治

（1）选育抗蚜品种。木质素是大豆对大豆蚜实现防御机制的重要物质，植株抗蚜能力强弱与其木质素含量高低有关。植株叶片内木质素含量高，则该品种抗蚜性较强。野大豆是栽培大豆的近缘种，在野大豆中已筛选出丰富的抗蚜种质资源。利用现有种质资源选育抗蚜品种，也是开展大豆蚜综合防控的重要措施。

（2）调整栽培模式。与大豆单种相比，大豆玉米间作，可调控蚜虫和天敌的种群数量，有利于大豆蚜防控。与单种大豆田比较，间作模式中瓢虫数量可增加84%，草蛉数量可增加59%，蜘蛛数量可增加41%。

（3）结合中耕除草。结合中耕，清除田边、沟边杂草，消灭滋生越冬场所，压低虫源基数。

3. 生物防治

保护天敌对大豆蚜种群具有较好控制作用。目前，已有80多种大豆蚜天敌资源被发现。大豆蚜捕食性天敌包括食蚜蝇、草蛉、瓢虫、蜘蛛及蝽类，优势种类为异色瓢虫、七星瓢虫和小花蝽。大豆蚜寄生性天敌包括日本豆蚜茧蜂、豆柄瘤蚜茧蜂、蚜小蜂、棉刺蚜茧蜂、菜蚜茧蜂、黄足蚜小蜂、麦蚜茧蜂、阿拉布小蜂等。大豆蚜的病原性天敌，主要是白僵菌等真菌，还包括弗氏新接蚜霉菌、块状耳霉、暗孢耳霉、冠耳霉、有味耳霉、新蚜虫疠霉、努利虫疠霉等。

4. 化学防治

化学药剂在生产中，有机磷类、菊酯类及烟碱类等多种杀虫剂被应用于大豆蚜的防治。早期防治，即在大豆蚜虫点片发生时用药，防止扩散蔓延为害。其防治可用600克/升的吡虫啉悬浮种衣剂包衣，也可以用20%啶虫脒乳油1 500~2 000倍液，或10%吡虫啉可湿性粉剂2 000~3 000倍液，进行喷雾防治。田间喷雾防蚜时要尽量倒退行走，以免接触中毒。目前，化学防治在当前农业生产中仍占据重要地位。为了防止单种类杀虫剂的长期施用引发害虫抗药性的快速增长，注意交替用药。

（四）红蜘蛛

对大豆红蜘蛛防治应采取"预防为主，防治结合；挑治为主，点面结合"的原则。在具体操作上应通过压低大豆苗期的螨量来控制生长后期的螨量。田间出现受害株时，即有 2%～5%叶片出现叶螨，每片叶上有 2～3 头时，应进行挑治，把叶螨控制在点片发生阶段。尽可能推迟全田普防的时间。

1. 农业防治

大豆红蜘蛛在植株稀疏长势差的地块发生重，而在长势好、封垄好的地块发生轻。只要田间不旱，大豆长势良好，大豆红蜘蛛一般不会大发生。因此，农业防治的关键，一是要保证保苗率，施足底肥，并要增加磷、钾肥的施入量，以保证苗齐苗壮，后期不脱肥，增强大豆自身的抗红蜘蛛为害能力。二是要加强田间管理，要及时采取人工除草办法，将杂草铲除干净，收获后及时清除残枝败叶，集中烧毁或深埋，进行翻耕，减少虫源数量。三是要合理灌水施肥，遇气温高或干旱，要及时灌溉，增施磷、钾肥，促进植株生长，抑制害螨增殖。

2. 物理防治

注意监测虫情，发现少量叶片受害时，及时摘除虫叶烧毁，减少虫口密度。

3. 生物防治

保护和利用天敌，塔六点蓟马、钝绥螨、食螨瓢虫、中华草蛉、小花蝽等对红蜘蛛种群数量有一定控制作用。

4. 化学防治

应在发生初期、即大豆植株有叶片出现黄白斑为害状时就开始喷药防治。可选用 1.8%阿维菌素乳油 3 000 倍液、15%哒螨灵乳油 2 000 倍液、73%灭螨净（炔螨特）3 000 倍液，进行喷雾防治。每隔 7 天喷 1 次，连续喷洒 2～3 次。生产上适用于防治红蜘蛛的杀螨剂还很多，如联苯肼酯、唑螨酯、虫螨酯、丁氟螨酯、四螨嗪、联苯菊酯等，注意交替用药和混配用药。喷药的重点部位是植株的嫩茎、嫩叶背面、生长点、花器等部位。

【想一想】

1. 大豆蚜虫的发生规律是什么？如何防治？

2. 大豆红蜘蛛的发生规律是什么？如何防治？

第五节　玉米虫害防治

玉米主要虫害包括地下害虫、二点委夜蛾、玉米螟、棉铃虫、黏虫、桃蛀螟、甜菜夜蛾、蚜虫等。

一、玉米主要虫害识别

（一）地下害虫

为害玉米生长的地下害虫生要有地老虎、蝼蛄、蛴螬、金针虫等。这些害虫栖居土壤中，主要为害玉米的种子、根、茎、幼苗和嫩叶，造成种子不能发芽出苗，或根系不能正常生长，心叶畸形，幼苗枯死，缺苗断垄等。

1. 地老虎

（1）为害症状。小地老虎是玉米苗期的主要害虫，一般以第1代幼虫为害严重，主要咬食玉米心叶及茎基部柔嫩组织。幼虫一般分为5～6龄，1～2龄对光不敏感，昼夜活动取食玉米幼苗顶心嫩叶，将叶片蚕食成针状小孔洞；3龄后入土为害幼苗茎基部，咬食幼苗嫩茎，一般潜藏在田间萎蔫苗周围土中；4～6龄表现出明显的避光性，白天躲藏在作物和杂草根部附近，黄昏后出来活动取食，在土表层2～3厘米处咬食幼苗嫩茎，使整株折断致死，严重时造成田间缺苗断垄。小地老虎有迁移特性，当受害玉米死亡后，转移到其他幼苗继续为害。

（2）发生规律。同大豆地老虎。

2. 蝼蛄

（1）为害症状。蝼蛄以成虫和若虫咬食玉米刚播下的种子或已发芽的种子、作物根部及根颈部，有时活动于地表，将幼苗茎叶咬成乱麻状和细丝，使幼苗枯死。还常常拨土开掘，在土壤表层穿出隧道，使根系与土壤脱离，或暴露于地面，甚至将幼苗连根拔出。

（2）发生规律。同大豆蝼蛄。

3. 蛴螬

（1）为害症状。蛴螬主要以幼虫为害，喜食刚播下的玉米种子，造成不能出苗；切断刚出土的幼苗，食痕整齐；咬断主根，造成地上部分缺水死亡，引起缺苗断垄。而且为害的伤口易被病菌侵入，引起其他病害发生。成虫咬食玉米叶片成孔洞、缺刻，也会为害玉米的花器，直接影响玉米产量。

（2）发生规律。同大豆蛴螬。

4. 金针虫

（1）为害症状。金针虫是叩甲幼虫的通称，俗称节节虫、铁丝虫、土蚰蜒等。广布世界各地，为害玉米、小麦等多种农作物以及林木、中药材和牧草等，多以植物的地下部分为食，是一类极为重要的地下害虫。多数种类为害农作物和林草等的幼苗及根部，是地下害虫的重要类群之一。金针虫咬蛀刚播下的玉米种子、幼芽，使其不能发芽，也可以钻蛀玉米苗茎基部内取食，有褐色蛀孔。在土壤中为害玉米幼苗根茎部，可咬断刚出土的幼苗，也可侵入已长大的幼苗根里取食为害，被害处不完全咬断，断口不整齐，被害植株则干枯而死。成虫则在地上取食嫩叶。

（2）发生规律。金针虫属鞘翅目叩甲科昆虫幼虫的总称，该虫分布广，为害重，在世界范围内是一类重要的地下害虫，多数种类为害农作物和林草等的幼苗及根部，是地下害虫的重要类群之一。取食玉米的主要有沟金针虫、细胸金针虫、褐纹金针虫和宽背金针虫等，其中又以沟金针虫发生为害最为严重。金针虫生活史很长，世代重叠严重，常需2~5年才能完成1代；幼虫一般有13个龄期，田间终年存在不同龄期的大、中、小3类幼虫；以各龄幼虫或成虫在土层中越冬或越夏。

①沟金针虫。成虫雌雄差别较大，雌虫体长16~17毫米；雄虫

体长 14~18 毫米。雌虫扁平宽阔，背面拱隆；雄虫细长瘦狭，背面扁平；体深褐色或棕红色，全身密被金黄色细毛，头和胸部的毛较长；雌虫后翅退化；雄虫足细长，雌虫明显粗短。卵乳白色，椭圆形。初孵幼虫体乳白色，头及尾部略带黄色；体长约 2 毫米，后渐变黄色；老龄幼虫体长 20~30 毫米，体节宽大于长，从头至第 9 腹节渐宽。体金黄色，体表有同色细毛，侧部较背面为多；头部扁平，上唇呈三叉状突起；从胸背至第 10 腹节，每节背面正中央有条细纵沟；化蛹初期体淡绿色，后渐变深色。沟金针虫发育很不整齐，一般 3 年完成 1 代，少数 2 年、4 年完成 1 代，以成虫或幼虫在土层中越冬。在华北地区，越冬成虫在春季 10 厘米土温达 10℃左右时开始出土活动，土温稳定在 10~15℃时达到活动高峰。成虫白天藏躲在表土中，或田旁杂草和土块下，傍晚爬出地面活动交配。雄虫出土迅速，性活跃，飞翔力较强，仅作短距离飞翔，夜晚一直在叶尖上停留，未见成虫觅食，黎明前成虫潜回土中。雌虫无后翅，行动迟缓，不能飞翔，活动范围小，有假死性，无趋光性，有集中发生的特点。产卵盛期在 4 月中旬，卵经 20 天孵化；幼虫期长达 3 年左右，孵化的幼虫在 6 月形成一定为害后下移越夏，待秋播开始时，又上升到表土层活动，为害至 11 月上中旬，然后下移 20~40 厘米处越冬；翌年春季越冬幼虫上升活动与为害，3 月下旬至 5 月上旬为害最重；随后越夏，秋季为害然后越冬。第 3 年春季继续出土为害，直至 8—9 月在土中化蛹，蛹期 12~20 天。9 月初开始羽化为成虫，成虫当年不出土而越冬，翌年春季才出土交配、产卵。

②细胸金针虫。成虫体长8~9毫米，体形细长扁平；头、胸部黑褐色，鞘翅、触角和足红褐色，光亮；前胸背极长，稍大于宽，后角尖锐，顶端多少上翘；鞘翅狭长，末端趋尖。卵乳白色，近圆形。老熟幼虫体长约32毫米，淡黄色，光亮；头扁平，口器深褐色。第1胸节较第2胸节和第3胸节稍短。1~8腹节略等长，尾节圆锥形，近基部两侧各有1个褐色圆斑和4条褐色纵纹，顶端具1个圆形突起。蛹浅黄色。多两年完成一代，也有一年或3~4年完成一代的，以成虫和幼虫在土中20~40厘米处越冬。翌年3月上中旬开始出土为害，4—5月为害最盛，成虫昼伏夜出，有假死性，对腐烂植物的气味有趋性，常群集在腐烂发酵气味较浓的烂草堆和土块下。6月下旬至7月上旬为产卵盛期，卵产于表土内。幼虫耐低温，早春上升为害早，秋季下降迟，喜钻蛀和转株为害。土壤温湿度对其影响较大，幼虫耐低温而不耐高温，地温超过17℃时，幼虫向深层移动。细胸金针虫不耐干燥，要求较高的土壤湿度20%~25%，适于偏碱性潮湿土壤，在春雨多的年份发生重。

③褐纹金针虫。成虫体长8~10毫米，体细长，黑褐色，生有灰色短毛。头部凸形黑色，密生较粗点刻。触角、足暗褐色，前胸黑色，但点刻较头部小。唇基分裂。前胸背板长明显大于宽，后角尖，向后突出。鞘翅狭长，自中部开始向端部逐渐变尖。卵椭圆形，初产时乳白略黄。老熟幼虫体长25~30毫米，细长圆筒形，茶褐色，有光泽，第1胸节及第9腹节红褐色。头扁平，梯形，上具纵沟，布小刻点；身体自中胸至腹部第8节各节前缘两侧生有深褐色新月形斑纹。初蛹乳白色，后变黄色，羽化前棕黄色。褐纹金针

虫在华北地区常与细胸金针虫混合发生。褐纹金针虫3年完成一代，以成虫或幼虫在20~40厘米土层中越冬。10厘米地温达20℃，成虫大量出土，当空气湿度达63%~90%时雄虫活动极为频繁，湿度在37%以下很少活动，所以久旱逢雨对其活动极为有利。成虫昼出夜伏，夜晚潜伏于土中或土块、枯草下等处。成虫具假死性，无趋光性，有叩头弹跳能力。越冬成虫在翌年5月上旬开始活动，5月中旬至6月上旬活动最盛。5月底至6月下旬为成虫产卵期，6月上中旬为产卵盛期。卵多散产，卵期约16天，孵化整齐。幼虫在4月上中旬开始活动，开始为害幼苗，大约1个月后幼虫下潜，9月又上升为害，10厘米地温8℃时又下潜越冬。

④宽背金针虫。成虫雌虫体长10.50~13.12毫米，雄虫体长9.2~12.0毫米，粗短宽厚。体褐铜色或暗褐色，前胸和鞘翅带有青铜色或蓝色色调。头具粗大刻点。触角暗褐色而短，端不达前胸背板基部。前胸背板横宽，侧缘具有翻卷的边沿，向前呈圆形变狭，后角尖锐刺状，伸向斜后方。小盾片横宽，半圆形。鞘翅宽，适度凸出，端部具宽卷边。卵乳白色，近球形。老熟幼虫体长20~22毫米，体棕褐色。腹部背片不显著凸出，有光泽，隐约可见背纵线。背片具圆形略凸出的扁平面，上覆有2条向后渐近的纵沟和一些不规则的纵皱，其两侧有明显的龙骨状缘，每侧有3个齿状结节。初蛹乳白色，后变白带浅棕色。4~5年完成1代，以成虫和幼虫越冬，越冬成虫5月开始出现，越冬幼虫于4月末至5月初开始上升活动，老熟幼虫7月下旬化蛹。宽背金针虫能在较干旱的土壤中存活较久，此种特性使该种能分布于开放广阔的草原地带。在干

旱时往往以增加对植物的取食量来补充水分的不足，为害常更突出。

耕作栽培制度对金针虫发生程度也有一定的影响，一般精耕细作地区发生较轻。耕作对金针虫可有直接的机械损伤，也能将土中的蛹、休眠幼虫或成虫翻至土表，使其暴露在不良气候条件下或遭到天敌的捕杀。在一些间作、套种面积较大的地区，由于犁耕次数较少，金针虫为害往往较重。

（二）二点委夜蛾

1. 为害症状

二点委夜蛾是我国夏玉米区近年新发生的害虫，各地往往误认为是地老虎为害。主要以幼虫为害，幼虫喜欢在潮湿的环境栖息，具有转株为害的习性，一般 1 头幼虫可以为害多株玉米苗，幼虫为害玉米幼苗，钻蛀咬食玉米苗茎基部，形成圆形或椭圆形孔洞，输导组织被破坏，造成玉米幼苗心叶枯死和地上部萎蔫，植株死亡；咬食刚出土的嫩叶，形成孔洞叶；咬断根部，当一侧的部分根被吃掉后，造成玉米苗倒伏，但不萎蔫；在玉米成株期幼虫可咬食气生根，导致玉米倒伏，偶尔也蛀茎为害和取食玉米籽粒。一般顺垄为害，发生严重的会造成局部大面积缺苗断垄，甚至绝收毁种。由于玉米生长期较短，苗期受害后补偿能力很小，玉米苗期百株虫量20头以上即可造成玉米缺苗断垄，甚至毁种。该害虫具有来势猛、短时间暴发、扩散范围广、隐蔽性强、发生量大、为害重等特点，若不及时防治，对玉米生产影响很大。

2. 发生规律

二点委夜蛾属鳞翅目夜蛾科，随着我国玉米耕作制度的变革和玉米精量播种技术的推广，二点委夜蛾已成为夏玉米苗期的重要害虫之一。2005 年在河北省首次发现该虫为害夏玉米幼苗，2007 年在山东省宁津县发现，2008 年 7 月在河南省新乡市发现成虫，近来逐年扩大为害，2011 年在黄淮海夏播玉米区河北、山东、河南省等地全面暴发为害，发生面积近 220 万公顷。初期百姓不识，误以为是地老虎为害，贻误了最佳防治时期。二点委夜蛾除为害玉米外，还可取食小麦、棉叶、大豆、花生、白菜等，食性杂，寄主范围广。玉米田周围间作大豆、花生、棉花等作物，为二点委夜蛾提供了多样的寄主来源。

二点委夜蛾在黄淮海夏玉米区一年发生 4 代，主要以老熟幼虫作茧越冬，少数未作茧的老熟幼虫及蛹也可以越冬。老熟幼虫体长一般为 14~18 厘米，有的长达 20 毫米，呈灰褐色或黑褐色；腹背两侧各有一条边缘为灰白色的深褐色纵带，每节中部前缘隐约可见倒 "V" 形斑纹。翌年 3 月陆续化蛹。化蛹初期淡黄褐色，随蛹的发育逐渐变为褐色，有的蛹在接近羽化时颜色为浅黑色。一般在 4 月下旬至 5 月上旬成虫羽化，持续时间较长。成虫体长 8~15 毫米，翅展 20 毫米左右，头、胸、腹均为灰褐色；前翅灰褐色，有光泽；最为明显的特征是前翅中央近前缘有肾形纹，内方有一环形纹，肾形纹较小，有黑点组成的边缘，形成一小黑点，肾形纹外侧常有一白点，形成鲜明对比。成虫喜将卵产在麦秸下的土缝内或底层碎麦秸上，卵粒单层排列成行、或单粒散产，初期乳白色或淡绿色，圆球形或馒头状，随卵的发育颜色加深，接近孵化时上半部变成暗褐色。小麦的返青并封垄，为越冬代成虫和1代幼虫提供了适宜的生存环境，使其可在小麦田大量繁殖。5月底至6月上中旬为1代成虫盛发期，刚好与小麦收获期相遇，黄淮海玉米主产区主要采用麦套玉米和秸秆还田的耕作模式，大量的秸秆还田，再次为1代成虫和2代幼虫提供了极佳的庇护场所。6月中下旬开始，2代幼虫发生期刚好与玉米苗期相吻合，夏玉米为其提供了充足的食物。幼虫除取食玉米苗外，也吃田间散落的碎麦粒和自生麦苗，二点委夜蛾幼虫畏光，昼伏夜出，白天躲藏在麦秸等覆盖物下，幼虫喜欢温暖潮湿的环境，不适应干燥的环境，不能长时间暴露在阳光下。幼虫受到惊扰时，有假死性，呈"C"形，在田间有聚集性，但分布不均，而且龄期不一致。2代幼虫主要为害玉米，延续到7月上中旬。7月中下旬幼虫陆续化蛹、羽化。2代成虫发生量大，但是，受夏季高温和食物的影响，虽然蛾量大，但产卵量并不多，所以3代幼虫量较少。8月底至9月初3代成虫繁殖，并主要以4代老熟幼虫作茧越冬，越冬场所复杂，有棉田、花生田、甘薯田、豆田、药材田、冬瓜田、桃园、麦茬田和废弃农田，在阔叶类杂草丛也可以越冬。在空间分布上主要是在地表，部分作茧在覆盖物中越冬，棉田越冬存活率相对较大，秸秆覆盖厚度对存活率影响不显著。焚烧过或者深翻的田块见不到该虫，小麦秸秆粉碎后旋耕的田块为害也较轻。

（三）玉米螟

玉米螟幼虫咬食心叶、茎秆和果穗。幼虫集中在玉米植株心叶深处，咬食未展开的嫩叶，使叶片展开后呈现横排孔状花叶。

1. 为害症状

玉米螟俗称玉米钻心虫，是玉米生产上发生最重、为害最大的常发性害虫，具有发生区域广、防控难度大、为害损失重的特点，严重威胁着玉米高产、稳产。主要以幼虫为害玉米，幼虫共 5 龄。心叶期世代玉米螟初孵幼虫大多爬入心叶内，群聚取食心叶叶肉，留下白色薄膜状表皮，呈花叶状，并可吐丝下垂，随风飘移扩散到邻近植株上；2~3 龄幼虫在心叶内潜藏为害，被害心叶展开后，出现整齐的横排小孔；叶片被幼虫咬食后，会降低其光合效率；雄穗抽出后，呈现小花被毁状，影响授粉；苞叶、花丝被蛀食，会造成缺粒和秕粒。4 龄后幼虫以钻蛀茎秆和果穗为害，在茎秆上可见蛀孔，蛀孔外常有幼虫钻蛀取食时的排泄物，被蛀茎秆易折断，不折的茎秆上部叶片和茎变紫红色，由于茎秆组织遭受破坏，影响养分输送，玉米易早衰，严重时雌穗发育不良，籽粒不饱满。穗期世代玉米螟初孵幼虫取食幼嫩的花丝和籽粒，大龄后钻蛀玉米穗轴、穗柄和茎秆，形成隧道，破坏植株内水分、养分的输送，导致植株倒折和果穗脱落，同时由于其在果穗上取食为害，不但直接造成玉米产量的严重损失，还常诱发或加重玉米穗腐病的发生。一般发生年份，玉米产量损失在 5%~10%，严重发生年份达 20%~30%，甚至更高，并且严重影响玉米品质，降低玉米商品等级。

2. 发生规律

玉米螟属鳞翅目螟蛾科。世界范围内为害玉米的主要有两个种，即亚洲玉米螟和欧洲玉米螟。亚洲玉米螟主要分布于东南亚、中国、印度、日本、澳大利亚、朝鲜及太平洋西部的许多岛屿；欧洲玉米螟主要分布于西亚、西北非、欧洲和北美。在中国，两种玉米螟均有分布，但其中亚洲玉米螟为优势种，欧洲玉米螟仅分布在新疆的伊犁地区。

玉米螟通常以老熟幼虫在玉米茎秆、穗轴内或高粱、向日葵的秸秆中越冬。老熟幼虫体长 25 毫米左右，圆筒形，头黑褐色，背部颜色有浅褐、深褐、灰黄等多种，中、后胸背面各有毛瘤 4 个，腹部 1~8 节背面有两排毛瘤，前后各两个，均为圆形，前大后小。翌年 4—5 月化蛹，蛹长 15~18 毫米，黄褐色，长纺锤形，尾端有刺毛 5~8 根；经过 10 天左右羽化。成虫黄褐色，雄蛾体长翅展 20~30 毫米，体背黄褐色，腹末较瘦尖，触角丝状，灰褐色，前翅黄褐色，有两条褐色波状横纹，两纹之间有两条黄褐色短纹，后翅灰褐色；雌蛾形态与雄蛾相似，色较浅，前翅鲜黄，线纹浅褐色，后翅淡黄褐色，腹部较肥胖；夜间活动，飞翔力强，有趋光性，寿命 5~10 天，喜欢在离地 50 厘米以上、生长较茂盛的玉米叶背面中脉两侧产卵。卵扁平椭圆形，数粒至数十粒组成卵块，呈鱼鳞状排列，初为乳白色，渐变为黄白色，孵化前卵的一部分为黑褐色（为幼虫头部，称黑头期）。一个雌蛾可产卵 350~700 粒，卵期 3~5 天。幼虫孵出后，先聚集在一起，然后在植株幼嫩部分爬行，开始为害。初孵幼虫，能吐丝下垂，借风力飘迁邻株，形成转株为害。玉米螟适合在高温、高湿条件下发育，冬季气温较高，天敌寄生量少，有利于玉米螟的繁殖，为害较重；卵期干旱，玉米叶片卷曲，卵块易从叶背面脱落而死亡，为害也较轻。

（四）棉铃虫

1. 为害症状

棉铃虫又名玉米穗虫、钻心虫、棉桃虫、青虫、棉铃实夜蛾等，广泛分布在中国及世界各地，寄主植物有 30 多科 200 余种，为杂食性害虫，为害绝大多数绿色植物，以幼虫蛀食为害玉米、大豆、棉花、向日葵等为主。棉铃虫对玉米的为害尤为严重。棉铃虫幼虫主要取食玉米穗部籽粒，玉米的穗状雄花和雌穗常受幼虫为害。玉米心叶期幼虫取食叶片时，自叶缘向内取食，造成缺刻状或孔洞；初孵幼虫为害玉米心叶，造成排行穿孔，和玉米螟为害状相似，孔洞粗大，边缘不整齐；大龄幼虫有时可将叶片吃光，只剩主脉和叶柄，常见大量颗粒状虫粪；有时可咬断心叶，造成枯心；也可转株为害。为害雄穗时，初孵幼虫先将卵壳吃掉，然后蛀入玉米小花内为害，低龄幼虫会吐丝，缚住其他玉米小花，继续取食，如若玉米雄穗新鲜，幼虫仍要继续为害，当雄穗枯老不能取食时，幼虫则转移到果穗为害。穗期棉铃虫孵化后，幼虫主要集中在玉米果穗顶部为害，会咬断花丝，常把花丝吃光，导致雌穗部分籽粒因授粉不良而不育，雌穗向一侧弯曲，或造成戴帽现象；当花丝萎蔫时，向下蛀入苞叶内啃食幼嫩籽粒，随着棉铃虫幼虫虫龄的增长，幼虫逐步向下逐粒取食玉米籽粒，直至雌穗中部；老熟幼虫大部分不钻蛀穗轴，返回至果穗顶部，从原来的蛀食孔钻出，也有少部分取食至果穗中部时，穿透穗轴从苞叶上蛀孔钻出。产生大量虫粪，并将其沿蛀孔排出至穗轴顶端，虫粪的排出使受害部位受到污染，则会使部分籽粒发霉腐烂，玉米品质下降；玉米幼穗被吃空或引起腐烂后，经病原、雨水侵入更易引起腐烂、脱落。幼虫老熟后从果穗顶部蛀食钻出转株为害，1 头幼虫可为害 2~3 株玉米。

2. 发生规律

棉铃虫属鳞翅目夜蛾科。在我国由北向南年发生 3~7 代，辽宁、河北北部、内蒙古、新疆等地一年发生 3 代，华北及黄河流域发生 4 代，长江流域发生 4~5 代，华南地区发生 5~7 代，以滞育蛹在土中越冬。黄河流域越冬代成虫于 4 月下旬始见，第 1 代幼虫主要为害小麦、豌豆等，其中麦田占总量的 70%~80%，第 2 代成虫始见于 7 月上中旬。成虫体长 14~18 毫米，翅展 30~38 毫米，灰褐色；前翅具褐色环状纹及肾形纹，肾纹前方的前缘脉上有二褐纹，肾纹外侧为褐色宽横带，端区各脉间有黑点；后翅黄白色或淡褐色，端区褐色或黑色；白天隐藏在叶背等处，黄昏开始活动，取食花蜜，有趋光性；在夜间交配产卵，每头雌成虫平均产卵1 000 粒。卵散产，出苗和拔节期，卵主要产在心叶上，以叶正面靠近叶尖处居多；抽雄到开花期，产卵部位比较分散，除叶面和叶鞘以外，部分卵会产在雄穗上，进入吐丝和灌浆期，产卵部位则主要集中到叶鞘和雄穗上；近半球形，底部较平，高 0.51~0.55 毫米，直径 0.44~0.48 毫米，顶部微隆起；初产时乳白色或淡绿色，逐渐变为黄色，孵化前紫褐色。卵表面可见纵横纹，其中伸达卵孔的纵棱有 11~13 条，纵棱有 2 盆和 3 盆到达底部，通常 26~29 条。幼虫多通过 6 龄发育，个别 5 龄或 7 龄，初孵幼虫先吃卵壳，后爬行到心叶或叶片背面栖息；第 2 天集中在生长点或嫩尖处取食嫩叶，但为害状不明显，2 龄幼虫除食害嫩叶外，开始取食雌穗，3

龄以上幼虫常互相残杀，4龄后幼虫进入暴食期，幼虫有转株为害习性，转移时间多在9—17时；老熟幼虫体长30~41毫米，体色变化很大，由淡绿、绿色、淡红、黄白至红褐乃至黑紫色，常见为绿色型及红褐色型；头部黄褐色，背线、亚背线和气门上线呈深色纵线，气门白色，腹足趾钩为双序中带；老熟幼虫在3~9厘米表土层筑土室化蛹。蛹长14~23毫米，纺锤形，初蛹为灰绿色，绿黑色或褐色，复眼淡红色，近羽化时呈深褐色，有光泽，复眼黑色。腹部第5~7节背面和腹面有比较稀而大的马蹄形刻点；臀棘钩刺2根，尖端微弯。

玉米棉铃虫喜中温高湿，各虫态发育最适温度为25~28℃，干旱少雨天气有利于棉铃虫的发生，尤其是6—8月热量多、气温高，特别利于棉铃虫的孵化与发育，可提高棉铃虫的繁殖力和生存力，棉铃虫严重发生；北方湿度对棉铃虫影响更为明显，相对湿度70%以上为害严重。此外，冬季气候变暖，也有利于棉铃虫的越冬，增大翌年为害基数。棉铃虫寄主范围广、远距离飞行能力强、繁殖潜能大、环境适应能力强，因此在条件适宜的情况下经常大面积暴发，造成灾害，自20世纪70年代开始，每年都会发生，一般品种可造成减产5%~7%，严重者减产10%以上。

（五）黏虫

1. 为害症状

黏虫又称剃枝虫、行军虫，俗称五彩虫、麦蚕。是一种主要以小麦、玉米、高粱、水稻等粮食作物和牧草为食的杂多食性、迁移性、间歇暴发性害虫。可为害16科104种以上的植物，尤其喜食

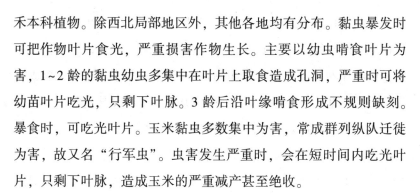

禾本科植物。除西北局部地区外，其他各地均有分布。黏虫暴发时可把作物叶片食光，严重损害作物生长。主要以幼虫啃食叶片为害，1~2龄的黏虫幼虫多集中在叶片上取食造成孔洞，严重时可将幼苗叶片吃光，只剩下叶脉。3龄后沿叶缘啃食形成不规则缺刻。暴食时，可吃光叶片。玉米黏虫多数集中为害，常成群列纵队迁徙为害，故又名"行军虫"。虫害发生严重时，会在短时间内吃光叶片，只剩下叶脉，造成玉米的严重减产甚至绝收。

2. 发生规律

黏虫属鳞翅目夜蛾科。东北地区一年发生2~3代，华北一般发生3~4代，最多5代。华东地区为5~6代，华南地区为7~8代，在我国东部地区以北区域，即1月0℃等温线（大致为33°N）以北不可越冬，但在1月的0~8℃等温线（为27°~33°N），黏虫可以幼虫或蛹在田间成功越冬，1月8℃等温线（为27°N）以南的各区域，黏虫发生为害的情况可终年为害。黏虫成虫体色呈淡黄色或淡灰褐色，体长17~20毫米，翅展35~45毫米，触角丝状，前翅中央近前缘有2个淡黄色圆斑，外侧环形圆斑较大，后翅正面呈暗褐色，反面呈淡褐色，缘毛呈白色，由翅尖向斜后方有1条暗色条纹，中室下角处有1个小白点，白点两侧各有1个小黑点。雄蛾较小，体色较深，其尾端经挤压后，可伸出1对鲤盖形的抱握器，抱握器顶端具一长刺，这一特征是别于其他近似种的可靠特征；雌蛾腹部末端有一尖形的产卵器。产卵部位趋向于黄枯叶片。卵半球形，直径0.5毫米，初产时乳白色，表面有网状脊纹，初产时白色，孵化前呈黄褐色至黑褐色；卵粒单层排列成行，但不整齐，常夹于叶鞘缝内或枯叶卷内。在玉米苗期，卵多产在叶片尖端，成株期卵多产在穗部苞叶或果穗的花丝等部位。产卵时分泌胶质黏液，使叶片卷成条状，常将卵黏连成行或重叠排列包住，形成卵块，不易看见。每个卵块一般20~40粒，成条状或重叠，多者达200~300粒。老熟幼虫体长38~40毫米，头黄褐色至淡红褐色，正面有近"八"字形黑褐色纵纹。体色多变，背面底色有黄褐色、淡绿色、黑褐至黑色。体背有5条纵线，背中线白色，边缘有细黑线，两侧各有2条极明显的浅色宽纵带，上方1条红褐色，下方1条黄白色、黄褐色或近红褐色。幼虫老熟后入土化蛹。蛹红褐色，体长17~23毫米，腹部第5、第6、第7节背面近前缘处有横列的马蹄形刻点。

黏虫在我国大型的迁飞活动大致有4次，将会形成5次为害区域。首先，越冬代的黏虫会在3—4月由华南、江南等第1代发生区北迁迁入长江中下游地区和黄淮地区，在此地繁殖形成为害后，在5—6月由此地继续向北迁飞至东北三省、内蒙古东部等地区，东北平原为主要迁入区。第3次的迁飞活动发生在7—8月，由东北等地区发生的2代成虫羽化后，将向南陆续回迁至海河平原和黄河下游平原。最后一次迁飞在8—9月，3代黏虫成虫羽化后将继续向南回迁至江南、华南的稻区繁殖为害。黏虫就是这样每年南北往返迁飞形成为害的。

黏虫属中温好湿性昆虫，降水量大的季节，土壤及空气湿度比较大，有利于黏虫的发生，同时，黏虫的成虫有迁徙为害的特性，迁徙过程中如遇风雨天气会使其降落，引发当地的黏虫为害。黏虫比较喜欢密植的作物，大豆玉米间作，玉米密度相对较小，为黏虫暴发创造了不利条件。

（六）桃蛀螟

1. 为害症状

桃蛀螟又称桃蛀野螟、豹纹斑螟、桃蠹螟、桃斑螟、桃实蟆蛾、豹纹蛾、桃斑蛀螟，幼虫俗称蛀心虫，属鳞翅目草螟科。国内主要分布于华北、华东、中南和西南地区，西北和台湾地区也有分布。20 世纪末以来，由于种植制度改革和种植结构调整等因素，桃蛀螟在玉米上为害逐年加重，尤其是在黄淮海玉米区，严重时玉米果穗上桃蛀螟的幼虫数量和为害程度甚至超过玉米螟，上升为穗期的重要害虫。

桃蛀螟在玉米田抽雄后到玉米田产卵，幼虫孵化后大多转移到玉米叶鞘内侧取食叶舌、叶鞘及散落的花粉，仅有少部分为害雄穗；授粉结束后，在雌穗花丝顶端开始萎蔫时，少部分幼虫由叶鞘内侧转向雌穗取食花丝；到灌浆初期，雌穗虫量达高峰，幼虫群集穗顶为害幼嫩籽粒及穗轴，此时有少部分幼虫发育至 3 龄以上，开始蛀茎为害，大部分幼虫仍在雌穗上为害；灌浆中期，蛀茎虫量达到高峰，雌穗虫量有所下降，叶鞘内侧的虫量开始上升；灌浆后期，蛀茎和雌穗上的虫量均有所下降，叶鞘内侧的虫量继续上升。孵化后大多集中到雌穗花丝内为害，因此收获时，桃蛀螟幼虫大多随果穗被带出田外，少量留在玉米秆上越冬。桃蛀螟幼虫在玉米雌穗上多群聚为害，同一穗上可有多头幼虫为害。其主要为害玉米雌穗的籽粒，也为害玉米的茎秆，造成植株倒折，不仅可造成直接的产量损失，也可为害穗轴，导致烂穗，同时能引起严重的穗腐病，且籽粒间混杂其排泄物，导致玉米产量和品质明显降低，造成更大的经济损失。

2. 发生规律

桃蛀螟属鳞翅目草螟科。在我国北方各省一年发生 2~3 代，西北地区一年 3~5 代，华中地区一年 5 代。均以老熟幼虫在树皮裂缝、玉米、向日葵、蓖麻等残株内结茧越冬。老熟幼虫体长 22~25 毫米，背部体色多变，呈紫红色、淡灰色、灰褐色等，腹面多为淡绿色，头部暗褐色，各体节毛片明显，灰褐至黑褐色，背面的毛片较大，有褐色瘤点。1 代幼虫于 5 月下旬至 6 月下旬先在果树上为害，2~3 代幼虫在桃树和玉米、高粱、向日葵等作物上都能为害。第 4 代则在夏播玉米、高粱和向日葵上为害，以 4 代幼虫越冬，翌年越冬幼虫于 4 月初化蛹，4 月下旬进入化蛹盛期，4 月底至 5 月下旬羽化，越冬代成虫把卵产在桃树上。6 月中旬至 6 月下旬 1 代幼虫化蛹，1 代成虫于 6 月下旬开始出现，7 月上旬进入羽化盛期，2 代卵盛期随着出现，这时春播高粱抽穗扬花，7 月中旬为 2 代幼虫为害盛期。10 月中下旬气温下降则以 4 代幼虫越冬。世代重叠严重，7—10 月，田间作物上均可见卵，在收获期前查虫时发现，桃蛀螟各龄期幼虫、蛹、蛹皮、卵均存在于田间，世代不整齐。

桃蛀螟成虫体长约 12 毫米，翅展 22~25 毫米，体色鲜黄，胸、腹及翅上均布有黑色斑块，其前翅上有 25~30 个，后翅及体背上有 19 个左右类似的豹纹斑，白天及阴雨天在叶子背面等阴暗处躲藏，夜间活动，对黑光灯有较强的趋性。桃蛀螟大多在晚上羽化，羽化后 2~3 天即可交配，交配后即可产卵，卵方椭圆形，长径 0.6 毫米，初产乳白色，渐变为橘黄色，孵化前为红褐色。玉米上桃蛀螟产卵的时期多分布在玉米的抽雄期、灌浆期和乳熟期，比较集中，雌蛾产卵时对植株的部位有选择性，多将卵产在玉米的雄穗和中上部叶鞘的顶端，结穗后多在花丝、叶鞘顶端等绒毛比较多的地方产卵。蛹淡褐色，长 13 毫米，第 1 至第 7 腹节背面各有 2 列突起线，其上着生刺 1 列。

（七）甜菜夜蛾

1. 为害症状

主要以幼虫为害玉米叶片。初孵幼虫先取食卵壳，后陆续从绒毛中爬出，1~2 龄常群集在叶背面为害，吐丝、结网，在叶内取食叶肉，残留表皮而形成"烂窗纸状"破叶。3 龄以后的幼虫分散为害，严重发生时可将叶肉吃光，仅残留叶脉，甚至可将嫩叶吃光。幼虫体色多变，但以绿色为主，兼有灰褐色或黑褐色，5~6 龄的老熟幼虫体长 2 厘米左右。幼虫有假死性，稍受惊吓即卷成"C"状，滚落到地面。幼虫怕强光，多在早、晚为害，阴天可全天为害。

2. 发生规律

同大豆甜菜夜蛾。

（八）蚜虫

1. 为害症状

玉米蚜虫在玉米全生育期均有为害。玉米蚜除为害玉米、小麦、水稻、高粱、大麦、谷子等粮食作物外，还可为害稗草、马唐草、狗尾草、鹅观草、牛筋草、看麦娘、狗牙根及芦苇等禾本科杂草。

玉米蚜虫在玉米植株各部位、各阶段的发生分布各异。在玉米抽雄前，聚集在心叶里繁殖为害，孕穗期群集于剑叶正反面为害，抽雄期则聚集于雄穗上繁殖为害。扬花期蚜虫数量激增，是严重为害时期。

玉米苗期蚜虫群集于叶片背部和心叶造成为害，以成、若虫刺吸植物组织汁液，导致叶片变黄或发红，随着植株生长集中在新生的叶片上，玉米新叶展开后叶片上可见蚜虫的蜕皮壳；轻者造成玉米生长不良，严重受害时，植物生长停滞，甚至死苗。到玉米成株期，蚜虫多集中在植株底部叶片的背面或叶鞘、叶舌，随着植株长高，蚜虫逐渐上移。玉米孕穗期多密集在剑叶内和叶鞘上为害，同时排泄大量蜜露，覆盖叶面上的蜜露影响光合作用，易引起霉菌寄生，被害植株长势衰落，发育不良，产量下降。抽雄后大量蚜虫向雄穗转移，蚜虫集中在雄花花萼及穗轴上，影响玉米扬花授粉，降低玉米的产量和品质；不久又转移为害雌穗。玉米蚜虫为害高峰期是在玉米孕穗期，喷药防治比较困难，影响光合作用和授粉率，造成空秆，干旱年份为害损失更大。此外，玉米蚜虫能够传播病毒病，导致玉米矮花叶病的大面积流行，使果穗变小，结实率下降，千粒重降低。

2. 发生规律

玉米蚜虫属半翅目蚜科。玉米田内常见蚜虫除玉米蚜外，还包括禾谷缢管蚜和麦二叉蚜等麦类蚜虫。其中，对玉米造成重要产量影响的为玉米蚜和禾谷缢管蚜。

玉米蚜虫每年发生 8~20 代，冬季以成、若蚜在禾本科植物的心叶、叶鞘内或根际处越冬。玉米蚜虫的越冬寄主有玉米、高粱、小麦、狗尾草、芦苇等。5 月底至 6 月初玉米蚜虫产生大批有翅蚜，迁飞到玉米上为害，8 月上中旬玉米正值抽雄散粉期，玉米蚜虫繁殖速度加快，是全年为害盛期，如果条件适宜，为害持续到 9 月中下旬玉米成熟前，到秋季再迁回越冬寄主。

玉米蚜虫发育和繁殖的适宜温度为 23~28℃，相对湿度为 60%~80%，一般 8 月中旬玉米正处于抽雄扬花期，是玉米蚜虫发生最适宜的时期，而暴雨的发生对蚜虫的生长繁殖有一定的抑制作用。气候条件适宜、食物充足、天敌数量少是玉米蚜暴发的主要原因。另外，玉米田内外的禾本科杂草也为玉米蚜在不同季节提供了广阔的生存和繁殖空间，杂草发生较重的玉米田，蚜虫为害较为严重。玉米蚜天敌主要有蜘蛛类、瓢虫类、食蚜蝇、草蛉和蚜茧蜂等，天敌数量大时可以抑制玉米蚜虫数量的增长。

二、玉米主要虫害防治

（一）地下害虫

1. 农业防治

地下害虫发生为害与田间管理水平、寄主植物种植年限有密切关系。深耕晒垡可迅速降低田间金针虫和蛴螬虫口密度；大水漫灌和适时浇水可减轻为害；科学施肥（选择充分腐熟、对地下害虫有趋避作用的有机化肥）；保持田间的清洁（切断食料来源和减少产卵量），同时，休耕或轮作种植非食谱作物也能有效降低地下害虫虫口数量。

2. 物理防治

根据成虫具有较强趋光性的特性，在成虫发生期夜间采用黑光灯、频振式杀虫灯进行诱杀，可有效诱杀蝼蛄、蛴螬、地老虎等成虫；也可利用诱蛾器加糖醋液诱杀地老虎等成虫；寄主植物茼麻、玫瑰和白花草木樨等也被用来诱杀金龟子成虫；小地老虎成虫可利用黑光灯、糖醋液、杨树枝和性诱剂等进行诱杀，对高龄幼虫可采用人工机械进行捕杀。

3. 生物防治

主要是利用生物制剂和天敌生物来控制地下害虫。天敌生物主要包括昆虫天敌、病原线虫和病原微生物等。蛴螬的昆虫天敌以寄生蜂为主；松毛虫赤眼蜂、线虫等可用来有效控制小地老虎；苏云金芽孢杆菌对蛴螬和金针虫低龄幼虫具有明显致死作用。

4. 化学防治

常用的施药方法有药剂拌种和包衣、毒土、翻耕施药、根部灌药等。可用 50% 辛硫磷乳油按种子重量的 0.2% ~ 0.3% 进行拌种；或用 500 克 48% 毒死蜱乳油拌成毒饵，用 3% 辛硫磷颗粒剂撒施，防治地下害虫；或用 600 克/升噻虫胺·吡虫啉悬浮种衣剂，按药种比 1 : 200 包衣。

（二）二点委夜蛾

根据二点委夜蛾的发生习性，抓住幼虫 3 龄前和成虫发生期两个防治关键期，针对性采取农业防治为主的综合防治措施。

1. 农业防治

（1）机械灭茬。麦收后使用灭茬机或浅旋耕灭茬后再播种玉米，可以恶化成虫产卵环境，破坏幼虫栖息场所。既可有效减轻二点委夜蛾为害，也可提高播种质量。

（2）播种沟外露。清除玉米播种沟上的麦秸、杂草等覆盖物，创造不利于二点委夜蛾与玉米苗接触的环境，同时也有助于提高化学防治效果。

2. 物理防治

利用成虫趋光性的特点，在玉米田悬挂诱虫灯，50米左右挂1盏，在成虫发生期开启诱虫灯，为了提高效果，可在灯内放性诱剂。

3. 化学防治

（1）种子处理。选用含噻虫嗪、氯虫苯甲酰胺、溴氰虫酰胺的种衣剂包衣或拌种，可降低为害。

（2）撒毒饵或毒土。将48%毒死蜱乳油500克，或40%辛硫磷乳油400克，兑少量水后放入5千克炒香的麦麸或粉碎后炒香的棉籽饼中，拌成毒饵，傍晚顺垄将其撒在玉米苗边；3龄幼虫前，可用48%毒死蜱乳油制成毒土，撒于玉米根部。

（3）喷淋或喷雾。一是播后苗前全田喷施杀虫剂，结合化学除草，在除草剂中加入高效氯氰菊酯、甲维盐、氯虫苯甲酰胺（康宽）等，杀灭二点委夜蛾成虫，兼治低龄幼虫。二是全株喷雾，选用5%氯虫苯甲酰胺悬浮剂1 000倍液对玉米2~4叶期植株进行喷雾。

（三）玉米螟

可用3%辛硫磷颗粒剂直接撒心防治；也可将甲维盐、曲虫威（虱螨脲、虫螨腈）和高效氯氧菊酯加有机硅助剂混合，进行喷雾防治。

1. 农业防治

（1）处理越冬秸秆。在4月中旬以前将玉米秸秆粉碎处理，在堆放玉米秸秆的地方，最好在地面撒上药粉，以杀死越冬的幼虫。

（2）选育和引进抗螟高产优质玉米品种。品种的抗虫性，直接影响玉米螟为害程度、发育进度、着卵率等。

（3）机械收割。采用机械收割，可完全杀死在茎秆和穗轴内越冬的幼虫。

2. 物理防治

利用黑光灯等诱虫灯诱杀越冬代成虫，降低基数。

3. 生物防治

（1）开展性诱。利用性诱芯或性外激素诱捕器诱杀或迷向雄蛾。

（2）保护利用天敌。玉米螟的天敌很多，卵寄生蜂有赤眼蜂、黑卵蜂；幼虫和蛹寄生蜂有黄金小蜂、姬蜂、小黄蜂、大腿蜂、青黑小蜂和寄生蝇，捕食性天敌主要有瓢虫、步行虫、食虫虻和蜘蛛等。有条件的地方可人工饲养松毛虫赤眼蜂，消灭螟卵，在6月中旬及7月下旬，放长效蜂卡两次，每亩释放1万~2万头。

（3）白僵菌封垛。在越冬幼虫化蛹前10~15天，将菌粉分层喷洒在寄主秸秆垛内，每立方米用菌粉100~150克。

（4）苏云金杆菌喷施。可在心叶末期前后，喷洒 Bt 乳剂，每亩用药量 150 毫升，每亩喷施药液 25 升。

4. 化学防治

（1）喇叭口撒施。在玉米心叶大喇叭口期进行喇叭口撒施 3% 辛硫磷颗粒剂，用量 2g/株。

（2）喷雾。20% 氯虫苯甲酰胺 5 000 倍液，或 3% 甲维盐 2 500 倍液喷施，心叶期注意将药液喷到心叶丛中，穗期喷到花丝和果穗上。

（四）棉铃虫、黏虫、桃蛀螟、甜菜夜蛾

1. 农业防治

（1）秋耕深翻。玉米收获后，及时深翻耙地，集中铲除田边、地头杂草，破坏棉铃虫的越冬环境、减少繁殖场所，可大量消灭越冬蛹，提高越冬虫死亡率，压低越冬虫口基数。

（2）轮作倒茬。轮作倒茬是降低虫源的一个有效措施。

2. 物理防治

（1）杨树枝把诱杀。利用蛾类成虫对半枯萎的杨树枝把有很强的趋化性，在成虫发蛾期，插杨树枝把诱蛾，可消灭大量成虫，此方法可降低孵化率达 20% 左右，对减少当地虫源作用较大，是行之有效的综防措施。

（2）诱虫灯诱集成虫。利用成虫的趋光性，在成虫发生期，在田间设置黑光灯或高压汞灯诱杀棉铃虫成虫，灯距以 200 米为好，对天敌杀伤小，杀虫数量大。

3. 生物防治

（1）保护利用天敌。田间使用对天敌杀伤性小的低毒农药，发挥天敌的自然控制作用。主要天敌有龟纹瓢虫、红蚂蚁、叶色草蛉、中华草蛉、大草蛉、隐翅甲、姬猎蝽、微小花蝽、异须盲蝽、狼蛛、草间小黑蛛、卷叶蛛、侧纹蟹蛛、三突花蛛、蚁型狼蟹蛛、温室希蛛、黑亮腹蛛、螟黄赤眼蜂、侧沟茧蜂、齿唇姬蜂、多胚跳小蜂等，也可以释放赤眼蜂、草蛉等商品化天敌。

（2）喷施害虫病毒液。产卵盛期喷施核多角体病毒。

4. 化学防治

防治棉铃虫、黏虫、桃蛀螟、甜菜夜蛾等，可将甲维盐、茚虫威（虫螨脲、虫螨腈）和高效氯氰菊酯加有机硅助剂混合，兑水30~40千克进行喷雾防治。

（五）蚜虫

1. 农业防治

农田生态系统中各因素综合协调管理，调控农作物、害虫和环境，创造一个利于作物生长而不利于蚜虫发生的农田生态环境。

（1）加强田间管理。及时清除田内外以及路边、沟边禾本科杂草、清除蚜虫滋生地，减少虫源。

（2）搞好麦田防治，减轻玉米蚜害。玉米上的蚜虫多由小麦田迁飞而来，因此防治好麦蚜，可显著减少玉米蚜虫为害。

（3）选择抗蚜品种。不同寄主及不同品种间蚜虫发生为害程度存在差异，种植抗蚜品种可以有效控制蚜虫的为害。

2. 生物防治

（1）保护利用天敌。玉米田存在大量天敌，包括瓢虫、草蛉、食蚜蝇、小花蝽、蜘蛛、蚜霉菌等。当玉米苗期天敌数量较多的情况下，尽量避免药剂防治或选用对天敌无害的农药防治。保护和释放这类天敌，可有效地控制蚜虫。

（2）植物农药防治。利用一些植物源农药防治蚜虫。

3. 化学防治

（1）种子包衣或拌种。600 克/升吡虫啉悬浮种衣剂、10%吡虫啉可湿性粉剂、70%噻虫嗪种子处理剂等药剂包衣或拌种，均对玉米苗期蚜虫有较高的防效。

（2）喷雾防治。防治玉米蚜虫，可用 10%吡虫啉可湿性粉剂 2 000 倍液或 2.5%高效氯氰菊酯 2 000~3 000 倍液，进行喷雾防治。

（3）撒心。在玉米大喇叭口期，每亩用 3%辛硫磷颗粒剂 1.5~2 千克，均匀地灌入玉米喇叭口内，兼治玉米螟。

（六）叶螨

1. 农业防治

（1）深耕土壤。种植玉米前要先平整土地，然后对土壤进行深耕细作，使地面杂草埋入地下，减少越冬代红蜘蛛卵的存活基数，从而降低第 1 代发生面积，有利于后期防治。

（2）科学施肥。根据土壤特性，按照玉米生长期吸收养分的情况采取配方施肥，土壤耕作前多施有机肥和磷钾肥，提高植株抗病虫害能力，同时选用抗性强的优良玉米品种。

（3）清除杂草。玉米种植后，要根据墒情及时中耕除草，为了提高玉米的产品质量，少用化学药剂除草，最好采用人工清除的办法，同时把杂草带到玉米田外集中烧毁。如果是麦茬地，最好在播种前田间普喷1遍杀虫剂，同时兼治玉米二点委夜蛾。

2. 生物防治

（1）红蜘蛛的天敌主要有中华草蛉、食螨瓢虫和捕食螨类等，根据调查，中华草蛉种群数量较多，喷药时尽量避开天敌繁殖期，有效利用天敌进行防治，可以培育天敌并在合适时间进行释放，达到无公害防治效果。

（2）利用烟碱、苦参碱、阿维菌素等生物农药喷雾防治。

3. 化学防治

防治玉米叶螨，用15%哒螨灵乳油2 000倍液、73%灭蚜螨净（炔螨特）3 000倍液进行喷雾防治。每隔10天喷1次，连续喷洒2~3次。

【想一想】

1. 二点委夜蛾的发生规律是什么？如何进行防治？

2. 玉米蚜虫的发生规律是什么？如何进行防治？

3. 玉米螟的发生规律是什么？如何进行防治？

第六节　杂草绿色防除

一、防控策略

大豆玉米带状复合种植杂草防除坚持综合防治原则，充分发挥翻耕旋耕除草、地膜覆盖除草等农业措施、物理措施的作用，降低田间杂草发生基数，减轻化学除草压力。使用除草剂坚持"播后苗前土壤封闭处理为主、苗后茎叶喷施处理为辅"的施用策略，根据不同区域特点、不同种植模式，既要考虑当茬大豆、玉米生长安全，又要考虑下茬作物和翌年大豆玉米带状复合种植轮作倒茬安全，科学合理选用除草剂品种和施用方式。

1. 因地制宜

各地要根据播种时期、种植模式、杂草种类等制定杂草防治技术方案，因地制宜科学选用适宜的除草剂品种和使用剂量，开展分类精准指导。

2. 治早治小

应优先选用播后苗前土壤封闭处理除草方式，减轻苗后除草压力。苗后除草重点抓住出苗期和幼苗期，此时杂草与作物开始竞争，也是杂草最敏感脆弱的阶段，除草效果好。

3. 安全高效

杂草防控使用的除草剂品种要确保高效低毒低残留，对环境友好，确保本茬大豆、玉米及周边作物的生长安全，同时对下茬作物不会造成影响。

二、技术措施

(一) 大豆玉米带状套作

主要在西南地区，降雨充沛，杂草种类多，防除难度大。玉米先于大豆播种，除草剂使用应封杀兼顾。玉米播后苗前选用精异丙甲草胺（或乙草胺）+噻吩磺隆等药剂进行土壤封闭处理，如果玉米播前田间已经有杂草的可用草铵膦喷雾；土壤封闭效果不理想需茎叶喷雾处理的，可在玉米苗后3~5叶期选用烟嘧磺隆+氯氟吡氧乙酸（或二氯吡啶酸、灭草松）定向（玉米种植区域）茎叶喷雾。

大豆播种前3天，根据草相选用草铵膦、精喹禾灵、灭草松等在田间空行进行定向喷雾，播后苗前选用精异丙甲草胺（或乙草胺）+噻吩磺隆等药剂进行土壤封闭处理。土壤封闭效果不理想需茎叶喷雾处理的，在大豆3~4片三出复叶期选用精喹禾灵（或高效氟吡甲禾灵、精吡氟禾草灵、烯草酮）+乙羧氟草醚（或灭草松）定向（大豆种植区域）茎叶喷雾。

(二) 大豆玉米带状间作

主要在西南、黄淮海、长江中下游和西北地区。大豆玉米同期播种，除草剂使用以播后苗前封闭处理为主。选用精异丙甲草胺（或异丙甲草胺、乙草胺）+唑嘧磺草胺（或噻吩磺隆）等药剂进行土壤封闭。

土壤封闭效果不理想需茎叶喷雾处理的，可在玉米苗后3~5叶期，大豆2~3片三出复叶期，杂草2~5叶期，根据当地草情，选择玉米、大豆专用除草剂实施茎叶定向除草（要采用物理隔帘将玉米大豆隔开施药）。后期对于难防杂草可人工拔除。

黄淮海地区：麦收后田间杂草较多，在玉米和大豆播种前，先用草铵膦进行喷雾处理，灭杀已经出苗的杂草。在玉米和大豆播种后立即进行土壤封闭处理，土壤封闭施药后，可结合喷灌、降雨或灌溉等措施，将小麦秸秆上黏附的药剂淋溶到土壤表面，提高封闭效果。

西北地区：推广采用黑色地膜覆膜除草技术，降低田间杂草发生基数。在没有覆膜的田块，播后苗前进行土壤封闭处理。

内蒙古：采用全膜覆盖或半膜覆盖控制部分杂草。在没有覆膜的田块，播后苗前进行土壤封闭处理，结合苗后玉米、大豆专用除草剂定向喷雾。

三、注意事项

优先选用噻吩磺隆、唑嘧磺草胺、灭草松、精异丙甲草胺、异丙甲草胺、乙草胺、二甲戊灵7种同时登记在玉米和大豆上的除草剂。土壤有机质含量在3%以下时，选择除草剂登记剂量低量；土壤有机质含量在3%以上时，选择除草剂登记剂量高量。喷施除草剂时，应保证喷洒均匀，干旱时土壤处理每亩用水量在40升以上。

在选择茎叶处理除草剂时，要注意选用对临近作物和下茬作物安全性高的除草剂品种。精喹禾灵、高效氟吡甲禾灵、精吡氟禾草灵和烯草酮等药剂飘移易导致玉米药害；氯氟吡氧乙酸和二氯吡啶酸等药剂飘移易导致大豆药害，莠去津、烟嘧磺隆易导致大豆、小

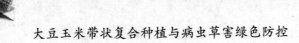

麦、油菜残留药害，氟磺胺草醚对下茬玉米不安全。

如果发生除草剂药害，可在作物叶面及时喷施吲哚丁酸、芸薹素内酯、赤霉酸等，可在一定程度上缓解药害。同时，应加强水肥管理，促根壮苗，增强抗逆性，促进作物快速恢复生长。

使用喷杆喷雾机定向喷雾时，应加装保护罩，防止除草剂飘移到临近作物，同时应注意除草剂不径流到临近其他作物。喷雾器械使用前应彻底清洗，以防残存药剂导致作物药害。

喷洒除草剂时，要注意风力、风向及晴雨等天气变化。选择晴天无风且最低气温不低于4℃时用药，喷药时间选择10时前和16时后最佳，夏季高温季节中午不能喷药。阴雨天、大风天禁止用药，以防药效降低及雾滴飘移产生药害。

【想一想】

1. 杂草防除采用哪些施用策略？

2. 大豆玉米带状套作杂草如何防除？

3. 大豆玉米带状间作杂草如何防除？

4. 杂草防除有哪些注意事项？

主要参考文献

高凤菊，赵文路，2021. 玉米大豆间作精简高效栽培技术
　[M]. 北京：中国农业科学技术出版社.

杨文钰，等，2021. 玉米-大豆带状复合种植技术 [M]. 北京：
　科学出版社.